PROJETO MÚLTIPLO

Caderno de Estudo

Geografia
Ensino Médio

João Carlos Moreira

Bacharel em Geografia pela Universidade de São Paulo
Mestre em Geografia Humana pela Universidade de São Paulo
Professor de Geografia da rede pública e privada de ensino por quinze anos
Advogado (OAB/SP)

Eustáquio de Sene

Bacharel e licenciado em Geografia pela Universidade de São Paulo
Doutor em Geografia Humana pela Universidade de São Paulo
Professor de Geografia da rede pública e privada de Ensino Médio por quinze anos
Professor de Metodologia do Ensino da Geografia na Faculdade de Educação da Universidade de São Paulo

editora scipione

Diretoria editorial e de conteúdo: Lidiane Vivaldini Olo
Editoria de Ciências Humanas: Heloísa Pimentel
Editora: Francisca Edilania B. Rodrigues
Supervisão de arte e produção: Sérgio Yutaka
Supervisor de arte e criação: Didier Moraes
Coordenadora de arte e criação: Andréa Dellamagna
Editores de arte: Yong Lee Kim e Claudemir Camargo
Diagramação: Arte Ação
Design gráfico: UC Produção Editorial, Andréa Dellamagna (miolo e capa)
Gerente de revisão: Hélia de Jesus Gonsaga
Equipe de revisão: Rosângela Muricy (coord.), Ana Paula Chabaribery Malfa, Gabriela Macedo de Andrade, Gloria Cunha e Vanessa de Paula Santos; Flávia Venézio dos Santos (estag.)
Supervisão de iconografia: Sílvio Kligin
Pesquisa iconográfica: Angelita Cardoso
Tratamento de imagem: Cesar Wolf e Fernanda Crevin
Foto da capa: Pete Ryan/National Geographic/Getty Images
Grafismos: Shutterstock/Glow Images
(utilizados na capa e aberturas de capítulos e seções)
Ilustrações: Allmaps, Douglas Galindo e Mario Kanno
Cartografia: Allmaps

Direitos desta edição cedidos à Editora Scipione S.A.
Avenida das Nações Unidas, 7221, 3º andar, Setor D
Pinheiros – CEP 05425-902 – São Paulo – SP
Tel.: 4003-3061
www.scipione.com.br / atendimento@scipione.com.br

Dados Internacionais de Catalogação na Publicação (CIP)
(Câmara Brasileira do Livro, SP, Brasil)

> Moreira, João Carlos
> Projeto Múltiplo : geografia, volume único : partes 1, 2 e 3 / João Carlos Moreira, Eustáquio de Sene. – 1. ed. – São Paulo : Scipione, 2014.
>
> 1. Geografia (Ensino médio) I. Sene, Eustáquio de. II. Título.
>
> 14-06251   CDD-910.712

Índice para catálogo sistemático:
1. Geografia : Ensino médio 910.712

2023
ISBN 978 85 262 9396-0 (AL)
ISBN 978 85 262 9397-7 (PR)
Código da obra CL 738776
CAE 502764 (AL)
CAE 502787 (PR)
1ª edição
9ª impressão

Impressão e acabamento: Gráfica Eskenazi

Apresentação

Este **Caderno de Estudo** foi pensado para ajudá-lo na retenção dos conhecimentos adquiridos por meio do livro-texto e das aulas dadas pelo professor. É composto de esquemas-resumo que oferecem uma visão ampla e articulada dos temas estudados e contribuem para que seu aprendizado seja significativo. Além dos esquemas-resumo, este Caderno traz uma seleção de testes e questões dos principais vestibulares do país para ajudá-lo a se preparar para futuros exames. Ao final, há uma seleção de testes do *Desafio National Geographic* que também contribuem para consolidar seu aprendizado.

Esperamos que este material lhe seja útil.
Bom estudo!

Os autores

Sumário

Vestibular em foco 5
Conceitos-chave da Geografia 6
Coordenadas, movimentos da Terra e fusos horários 10
Representações cartográficas, escalas e projeções 18
Representação gráfica 26
Tecnologias modernas usadas pela Cartografia 32
Estrutura geológica 36
Estruturas e formas do relevo 39
Solos 43
Climas 46
Os fenômenos climáticos e a interferência humana 53
Hidrografia 57
Biomas e formações vegetais: classificação e situação atual 61
A legislação ambiental e as unidades de conservação 66
As conferências em defesa do meio ambiente 69

Desafio 73
Olimpíadas de Geografia 74

Respostas 84

Significado das siglas 88

Vestibular em foco

CONCEITOS-CHAVE DA GEOGRAFIA

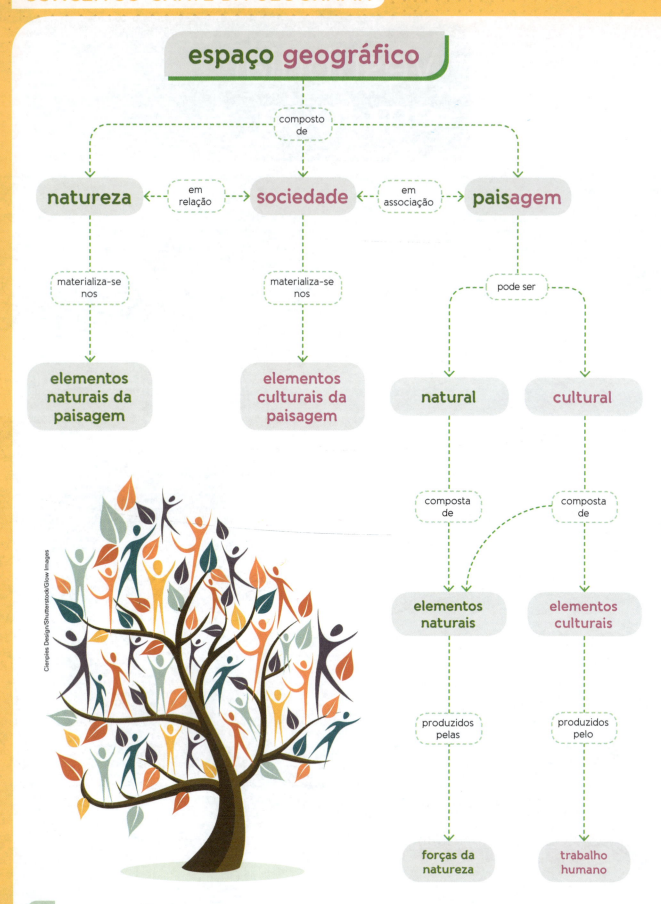

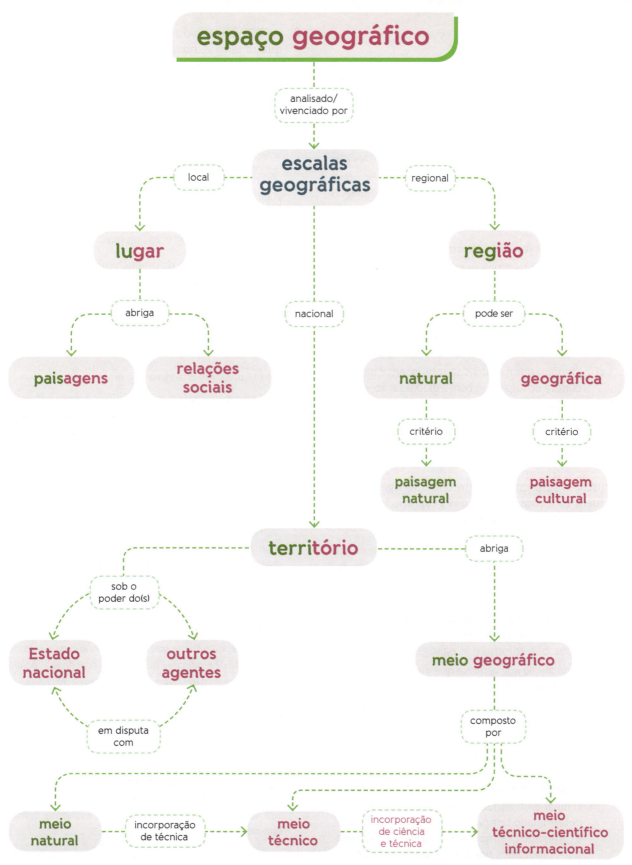

Mapa conceitual organizado pelos autores com o software CmapTools, desenvolvido pelo IHMC. INSTITUTE for Human and Machine Cognition (IHMC). CmapTools. Florida, Estados Unidos, 2013. Disponível em: <http://ftp.ihmc.us>. Acesso em: 29 jan. 2014.

Exercícios

Testes

1. (UFSJ-MG)

A materialidade artificial pode ser datada, exatamente, por intermédio das técnicas: técnicas da produção, do transporte, da comunicação, do dinheiro, do controle, da política e, também, técnicas da sociabilidade e da subjetividade. As técnicas são um fenômeno histórico. Por isso, é possível identificar o momento de sua origem. Essa datação é tanto possível à escala de um lugar quanto à escala do mundo. Ela é também possível à escala de um país, ao considerarmos o território nacional como um conjunto de lugares.

SANTOS, Milton. *A natureza do espaço*. São Paulo: Hucitec, 1996. p. 46.

A partir do texto acima, é **correto** afirmar que

a) a escala matemática permite a compreensão dos espaços nas escalas do lugar, da região, do território nacional bem como estas se articulam.

b) o espaço possui múltiplas dimensões e a compreensão dos fenômenos espaciais requer um estudo que considere as diferentes escalas geográficas.

c) os fenômenos mundiais se sobrepõem e definem a cultura do lugar que, com a globalização, perdeu sua importância.

d) as paisagens humanas que compõem o território, em uma sociedade globalizada, tendem a inviabilizar os fluxos de ideias, pessoas e mercadorias.

2. (UEM-PR) Espaço, lugar, território e paisagem constituem conceitos dos estudos geográficos. Sobre o significado desses termos para a Geografia, assinale o que for **correto**.

01) O território constitui para a Geografia apenas o domínio político de um Estado dentro de um determinado espaço geográfico. Território e espaço, portanto, têm exatamente o mesmo significado.

02) O espaço geográfico, ou simplesmente espaço, é analisado levando em conta os lugares, as regiões, os territórios e as paisagens.

04) Tudo aquilo que vemos e que nossa visão alcança é a paisagem. A dimensão da paisagem é a dimensão da percepção, o que chega aos nossos sentidos.

08) A paisagem é o conjunto das formas construídas pelo homem moderno em função de recursos tecnológicos. O espaço é composto por essas formas e pela vida que as anima. Portanto paisagem e espaço são sinônimos, têm o mesmo significado.

16) O lugar é um espaço produzido ao longo de um determinado tempo. Apresenta singularidades, é carregado de simbolismo e agrega ideias e sentidos produzidos por aqueles que o habitam.

3. (UFRGS-RS) No bloco superior abaixo, estão listados quatro termos; no inferior, definições de conceitos referentes a três desses termos.

Associe adequadamente o bloco inferior ao superior.

1. Região
2. Território
3. Biosfera
4. Bioma

( ) Parcela da superfície terrestre que forma uma unidade distinta em virtude de determinadas características temáticas.

( ) Apropriação de uma parcela geográfica por um indivíduo ou uma coletividade.

( ) Um conjunto de ecossistemas.

A sequência correta de preenchimento dos parênteses, de cima para baixo, é

a) 1 – 2 – 4.
b) 1 – 2 – 3.
c) 2 – 3 – 1.
d) 3 – 4 – 2.
e) 3 – 4 – 1.

4. (UPE) Considere o texto a seguir:

O espaço geográfico, ao contrário do espaço natural, é um produto da ação do homem. O homem, sendo um animal social, naturalmente atua em conjunto, em grupo, daí ser o espaço geográfico eminentemente social.

[...] A ação do homem não ocorre de forma uniforme no espaço e no tempo. Ela se faz de forma mais intensa em determinados momentos e nas áreas, onde se pode empregar uma tecnologia mais avançada ou em que se dispõe de capitais mais do que naquelas em que se dispõe de menores recursos e conhecimentos. Daí a necessidade de uma visão do processo histórico, levando-se em conta tanto o processo evolutivo linear como os desafios que se contrapõem a este processo e que barram ou desviam da linha por ele seguida. Para melhor compreender o processo de produção do espaço geográfico, é indispensável a utilização de conceitos hoje largamente aceitos nas ciências sociais, como os de modo de produção e de formação econômico-sociais. Ao analisarmos a evolução da humanidade e da conquista da natureza pelo homem, temos que admitir que esse começou a produzir o espaço geográfico na ocasião em que pôde abandonar as atividades de caça, pesca e coleta como principais e passou a realizar trabalhos agrícolas e de criação de animais. Claro que a passagem foi feita lentamente e que o homem, transformado em agricultor e criador de animais, continuou a caçar e a pescar, como o faz até os dias atuais, mas essas atividades, antes exclusivas, tornaram-se complementares.

Adaptado de: ANDRADE, Manuel Correia de. *Geografia econômica*. São Paulo: Atlas, 1987.

É **correto** afirmar que o autor, no texto que você acabou de ler,

a) opõe-se à posição filosófica assumida pelos geógrafos que defendem a Geografia Crítica.

b) estabelece os mais importantes princípios que norteiam o Determinismo Geográfico, uma das correntes fundamentais da Geografia Clássica que explica a produção do espaço geográfico.

c) defende que o espaço natural, por suas características particulares, assemelha-se ao espaço social e que deve ser estudado pela História e pela Geografia.

d) advoga que a produção do espaço geográfico é uma função dos níveis técnico e econômico em que se encontra a sociedade.

e) propõe que, para o equilíbrio do Sistema Terra, é necessário os seres humanos retornarem às atividades extrativas, especialmente a caça e a pesca, e também à agricultura tradicional.

5. (UEPB) A figura mostra o muro que separa o México dos Estados Unidos nas proximidades de Tijuana. Assinale a alternativa que traz a categoria geográfica que melhor explica a presença desse elemento de separação entre os dois países.

Foto disponível em: <http://dignidaderebelde.blogspot.com/2009/03/o-muro-da-vergonha.html>. Acesso em: 29 jul. 2014.

a) Paisagem, por ser um elemento geográfico que está ao alcance visual da população desses países.

b) Espaço, pois explica as relações sociedade/natureza e as contradições presentes na construção histórica desses dois países.

c) Território, pois estabelece a linha divisória de apropriação e delimitação dos poderes entre duas nações.

d) Lugar, pois representa o zelo e a necessidade de preservação do povo americano pelo país ao qual pertence, vive suas relações cotidianas e dedica o sentimento patriótico.

e) Região, pois a cidade de Tijuana é o mais importante centro metropolitano de influência na região de fronteira entre o México e os Estados Unidos.

6. (Unimontes-MG)

A soma do trabalho das gerações passadas dota esta categoria geográfica de uma historicidade cujo resultado é um produto histórico-social: histórico porque foi constituído no decorrer do tempo histórico ou pelas gerações que aí viveram ou se sucederam, e social porque é o resultado do trabalho conjunto das pessoas que formam uma sociedade ou porque ele foi e é construído socialmente.

ADAS, M. *Geografia*: construção do espaço geográfico brasileiro. São Paulo: Moderna, 2002.

Qual categoria geográfica o texto enfatiza?

a) Espaço geográfico.   c) Paisagem.
b) Região.   d) Lugar.

7. (Unimontes-MG) Considerando as relações de afetividade e identidade que as pessoas passam a estabelecer através de vivências e vínculos criados, os Parâmetros Curriculares Nacionais (1998) entendem que essa categoria geográfica permite que ocorra a comunicação entre o homem e o mundo. O texto faz referência a qual categoria geográfica?

a) Lugar.   c) Território.
b) Região.   d) Espaço.

Questão

8. (Unesp-SP) Observe as figuras.

Passado

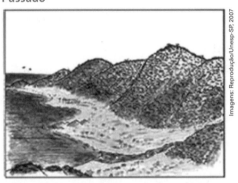

Presente

Adaptado de: GIOMETTI, Analúcia et al. (Org.). *Pedagogia cidadã*: ensino de Geografia. 2006.

Faça uma análise espaço-temporal da paisagem, identificando quatro transformações feitas pelo homem.

COORDENADAS, MOVIMENTOS DA TERRA E FUSOS HORÁRIOS

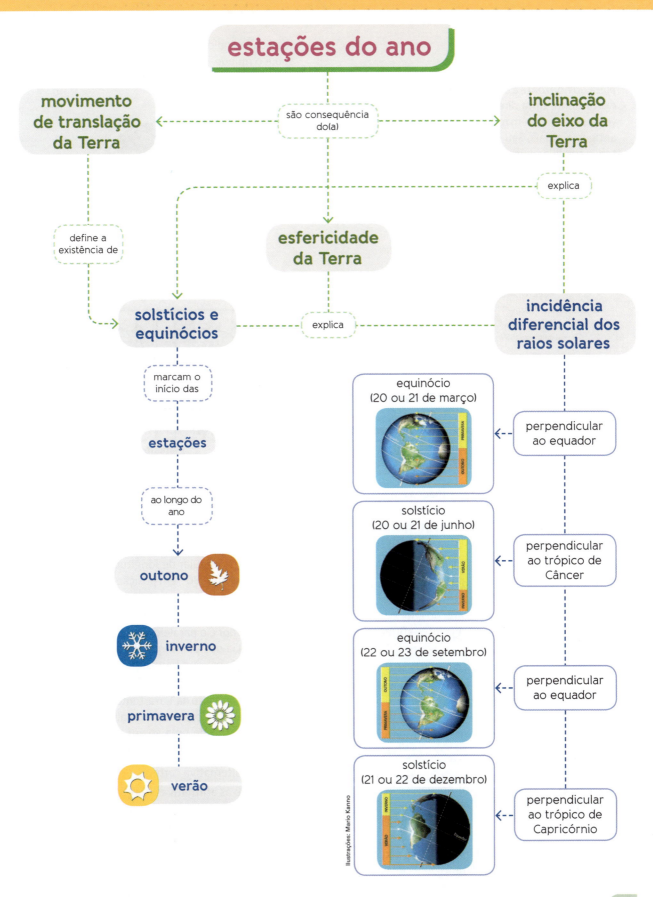

Exercícios

Testes

1. (UFPB) A rosa dos ventos corresponde à volta completa do horizonte e surgiu da necessidade de indicar exatamente uma direção. A utilização da rosa dos ventos é comum em todos os sistemas de navegação antigos e atuais. Seu desenho em forma de estrela tem a finalidade única de facilitar a visualização. Considerando o exposto, a imagem e a literatura sobre o tema, identifique as afirmativas corretas:

   Rosa dos ventos

   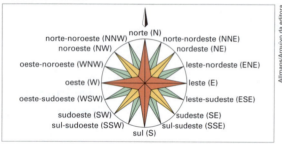

   Adaptado de: *Canadian Oxford World Atlas*. Toronto: Oxford University Press, 1998. p. 6.

   ( ) Todos os pontos mostrados são chamados de cardeais.
   ( ) Os pontos cardeais são apenas os de quadrante 0°, 90°, 180° e 270°.
   ( ) Os pontos subcolaterais são nordeste, sudeste, sudoeste e noroeste.
   ( ) Os pontos colaterais estão situados em 45°, 135°, 225° e 315°.
   ( ) A rosa dos ventos possui 4 pontos cardeais, 4 pontos colaterais e 8 pontos subcolaterais.

2. (UFRGS-RS) Como consequência dos movimentos de rotação e translação, realizados pelo planeta Terra, há uma variação na incidência dos raios solares sobre a superfície terrestre, no decorrer do ano.
   A esse respeito, considere as seguintes afirmações.
   I. Os raios solares atingem a superfície da Terra durante o dia e, à noite, a superfície se resfria.
   II. A incidência de radiação solar diminui em direção às regiões de alta latitude.
   III. A incidência da radiação solar, nas regiões localizadas em zonas temperadas, varia muito ao longo do ano.

   Quais estão corretas?
   a) Apenas I.
   b) Apenas II.
   c) Apenas III.
   d) Apenas II e III.
   e) I, II e III.

3. (UEL-PR) Planisférios e globos terrestres são representações da Terra que permitem conhecê-la em sua totalidade, indicando o domínio da espécie humana sobre o mundo. Com base no globo terrestre, no planisfério e nos conhecimentos cartográficos, considere as afirmativas a seguir.

   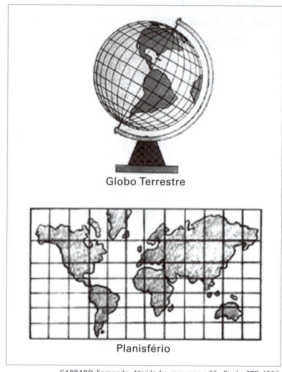

   CARRARO, Fernando. *Atividades com mapa*. São Paulo: FTD, 1996.

   I. Pela rede de coordenadas geográficas, com a identificação de pontos onde se cruzam paralelos e meridianos, é possível localizar qualquer ponto na superfície terrestre.
   II. A medida angular de longitude varia de 0°, em Greenwich, a 180°, em posição oposta, o antimeridiano, onde se localiza a Linha Internacional de Mudança de Data (LIMD).
   III. O equador é o paralelo principal, traçado a igual distância dos polos, que divide a Terra horizontalmente em dois hemisférios: o setentrional ou boreal e o meridional ou austral.
   IV. A representação da Terra, tanto pelo globo quanto pelo planisfério, permite visualizar toda a superfície terrestre de uma só vez, com a distribuição uniforme de superfícies continentais e oceânicas.

   Assinale a alternativa correta.
   a) Somente as afirmativas I e IV são corretas.
   b) Somente as afirmativas II e III são corretas.
   c) Somente as afirmativas III e IV são corretas.
   d) Somente as afirmativas I, II e III são corretas.
   e) Somente as afirmativas I, II e IV são corretas.

4. (UFU-MG) As coordenadas geográficas são conceituadas como um conjunto de linhas imaginárias denominadas paralelos e meridianos que servem para localizar um ponto ou um acidente geográfico na superfície terrestre. A partir das informações acima, assinale a alternativa correta.

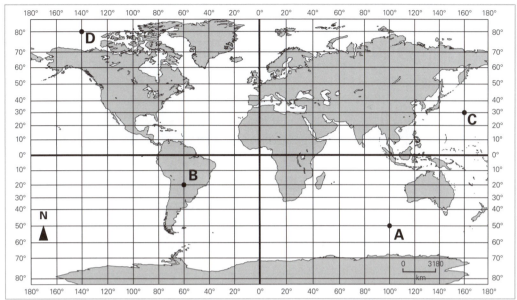

Adaptado de: *Geografia em mapas*, 1997.

a) O ponto "D" está localizado a 80° de latitude norte e a 140° de longitude leste.
b) O ponto "C" está localizado a 160° de latitude norte e a 30° de longitude oeste.
c) O ponto "A" está localizado a 50° de latitude sul e a 100° de longitude leste.
d) O ponto "B" está localizado a 20° de longitude sul e a 60° de latitude oeste.

5. (UFSM-RS) Observe a figura:

Incidência dos raios solares no hemisfério sul

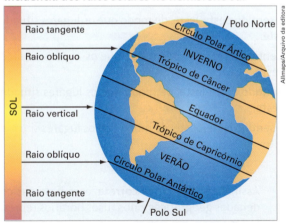

LUCCI, E. A.; MENDONÇA, C.; BRANCO, A. L. *Geografia geral e do Brasil – ensino médio*. 3. ed. São Paulo: Saraiva, 2005. p. 366.

Considerando uma estaca fixada verticalmente no chão, ao meio-dia, no início do verão do hemisfério sul, em diferentes cidades do Brasil, analise as afirmativas:

I. Na cidade de Belém, a sombra projeta-se na direção norte, porque a luz do sol percorre o trópico de Capricórnio.
II. Em Goiânia, a sombra projeta-se na direção sul, pois, no solstício de verão do hemisfério Sul, os raios solares percorrem o trópico de Câncer.
III. Em Porto Alegre, a sombra projeta-se na direção sul, fazendo com que os cômodos das residências situadas na face norte recebam insolação, enquanto as voltadas para a face sul ficam à sombra.

Está(ão) correta(s)

a) apenas I.
b) apenas II.
c) apenas I e III.
d) apenas II e III.
e) I, II e III.

6. (UEPG-PR) Sobre os movimentos da Terra no espaço e suas consequências, assinale o que for correto.

01) A rotação da Terra, aliada à posição do planeta em relação ao Sol, faz com que a duração dos dias e das noites varie no transcorrer do ano.

02) Apenas os polos da Terra não sofrem a influência dos movimentos de rotação e translação do planeta. A insolação, nesses locais, é sempre a mesma no transcorrer do ano, sendo sempre dia no polo norte e uma noite eterna no polo sul.

04) Os chamados solstícios, quando o Sol incide perpendicularmente sobre um dos trópicos, determinam o início da primavera e do outono.

08) Apenas nos chamados equinócios, quando os raios solares estão incidindo perpendicularmente sobre a linha do equador, a duração dos dias e das noites é igual em todos os lugares do planeta.

7. (UFRN) Para facilitar a comunicação entre os diversos pontos do planeta, convencionou-se um sistema de fusos horários, baseado nos meridianos. Considerando estes fusos horários mundiais, quando for 14h do dia 25 de dezembro de 2011, na cidade de Londres, na Inglaterra, será 11h na cidade de Vitória, no Brasil, e 23h na cidade de Tóquio, no Japão. Observe o mapa a seguir:

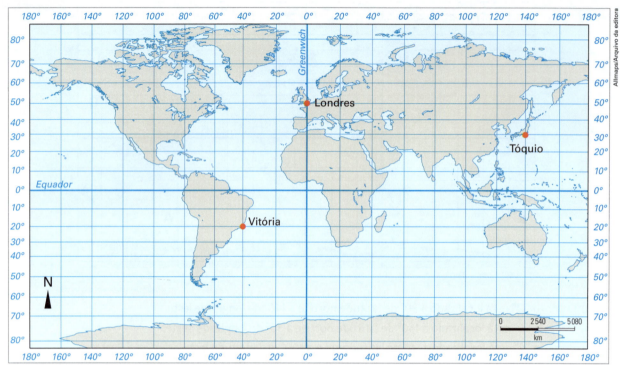

Adaptado de: <geografiaparatodos.com.br>. Acesso em: 29 jul. 2014.

A diferença de horários entre as cidades mencionadas está associada aos fusos horários, que foram definidos, entre outras razões, pelo

a) movimento de translação da Terra, que é executado no sentido oeste-leste, de modo que os lugares situados a leste têm horário atrasado em relação aos lugares a oeste.

b) movimento de rotação da Terra, que é executado no sentido leste-oeste, de modo que os lugares situados a oeste têm horário adiantado em relação aos lugares a leste.

c) movimento de rotação da Terra, que é executado no sentido oeste-leste, de modo que os lugares situados a leste têm horário adiantado em relação aos lugares a oeste.

d) movimento de translação da Terra, que é executado no sentido leste-oeste, de modo que os lugares situados a oeste têm horário atrasado em relação aos lugares a leste.

8. (UFSJ-MG) Observe o gráfico abaixo.

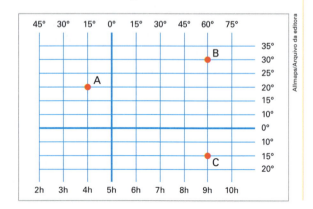

Assinale a alternativa **correta**, com base nas coordenadas geográficas e nos fusos horários representados.

a) A cidade **B**, localizada ao norte da cidade **C**, está a oeste da cidade **A**.

b) Um avião saiu às 9h da cidade **C**. Ele voou durante 5 horas até a cidade **A**. Quando chegou à cidade **A**, eram 14h no horário local.

c) A cidade **C** está situada a sudoeste da cidade **A** e a sul da cidade **B**.

d) Um avião saiu às 4h da cidade **A**. Ele voou durante 4 horas até a cidade **B**. Quando chegou à cidade **B**, eram 13h no horário local.

14 Caderno de Estudo

9. (Udesc) Observe o mapa com os fusos horários.

Fusos horários

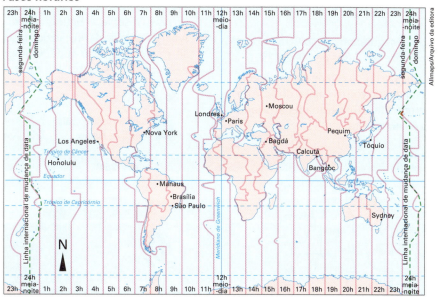

Considerando um jogo de futebol cuja partida inicia em São Paulo, às 21 horas, assinale a alternativa que contém a hora em que este mesmo jogo será visto ao vivo em Paris.

a) O jogo será visto em Paris às 2 horas da tarde do outro dia.

b) O jogo será visto em Paris quando lá forem 21 horas.

c) O jogo será visto em Paris à 1 hora da manhã do dia seguinte.

d) Como existem cinco fusos horários de diferença entre São Paulo e Paris, o jogo será visto em Paris às 16 horas do mesmo dia.

e) O jogo será visto em Paris no mesmo dia que em São Paulo, às 17 horas.

10. (UFSC)

Brasil: fusos horários até junho de 2008

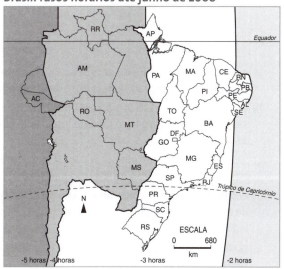

Brasil: fusos horários após junho de 2008

Disponíveis em: <www.agenciabrasil.gov.br>. Acesso em: 29 jul. 2014.
ALMEIDA, Lúcia M. Alves de; RIGOLIN, Tércio B. *Fronteiras da globalização: o espaço brasileiro – natureza e trabalho*. São Paulo: Ática, 2011. p. 9. v. 3.

Com base nos mapas e sobre o tema fusos horários, assinale a(s) proposição(ões) correta(s).

01) De acordo com o primeiro mapa, o Brasil possuía quatro fusos horários até junho de 2008.

02) Infere-se do segundo mapa que nenhuma parte do território tem três horas a menos em relação ao fuso horário oficial brasileiro.

04) Por não adotar o horário de verão, a capital do Maranhão estava adiantada duas horas em relação à capital dos catarinenses em dezembro de 2010.

08) Florianópolis encontra-se no quarto fuso horário em relação ao meridiano de Greenwich.

Coordenadas, movimentos da Terra e fusos horários

16) Desconsiderando o horário de verão, a diferença entre Joinville (fuso horário de 45° W) e Tóquio (fuso horário de 135° E) é de 12 horas, correspondendo a 180°.

32) De acordo com o segundo mapa, o Pará encontra-se parcialmente nos fusos de 60° E e 75° E.

64) Um viajante que partiu da cidade de São Paulo, ao desembarcar do seu voo na capital do Acre no dia 11 de setembro de 2011, deveria ter atrasado o seu relógio em uma hora.

11. (UERJ)

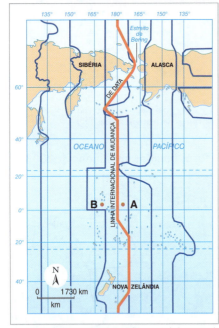

Adaptado de: LUCCI, A. E. *Território e sociedade no mundo globalizado*. São Paulo: Saraiva, 2005.

Ao longo do meridiano 180°, no oceano Pacífico, encontra-se a Linha Internacional de Mudança de Data. Quando for meio-dia em Greenwich, será meia-noite na Linha Internacional de Mudança de Data e lá um novo dia estará se iniciando.

Considere que na localidade B, assinalada no mapa, sejam 11 horas de domingo, do dia 22 de junho de 2008.

Nessas condições, na localidade A, também assinalada no mapa, o horário, o dia da semana e o dia do mês de junho do mesmo ano serão, respectivamente:

a) 10 – sábado – 21.
b) 11 – sábado – 21.
c) 10 – domingo – 22.
d) 11 – domingo – 22.

12. (UFPel-RS) Devido à necessidade de adequação das transmissões de TV aos diferentes fusos horários vigentes no país, em função da classificação indicativa dos programas, foi sancionado em 24/04/2008 projeto de lei que altera os fusos horários no Brasil. Com a medida se iguala o horário do Acre e do Amazonas com o adiantamento de uma hora no fuso dos municípios que tinham duas horas de atraso em relação a Brasília. O Pará terá seu fuso igualado ao da capital do país. Observe as figuras abaixo.

A partir da nova definição dos fusos horários no Brasil, é correto afirmar que um programa de televisão exibido em Brasília às 15h local será visto:

* Sem o horário de verão

Ministério da Ciência e Tecnologia.

a) em Manaus às 16h local, devido ao fato de que o fuso horário de Manaus está a leste de Greenwich.
b) em Rio Branco às 14h local, considerando que essa cidade estará um fuso horário legal a oeste de Brasília.
c) em São Paulo no mesmo horário local, porque ambas as cidades estarão no mesmo paralelo.
d) em Porto Alegre no mesmo horário local, apesar de o Rio Grande do Sul estar em outro fuso horário legal.
e) no Acre às 15h local, considerando que os dois locais estão à oeste de Greenwich.

13. (Fuvest-SP) Leia o texto e observe o mapa.

Em 1884, durante um congresso internacional, em Washington, EUA, estabeleceu-se um padrão mundial de tempo. A partir de então, ficou convencionado que o tempo padrão teórico, nos diversos países do mundo, seria definido por meridianos espaçados a cada 15°, tendo como origem o meridiano de Greenwich, Inglaterra (Reino Unido).

Fusos horários

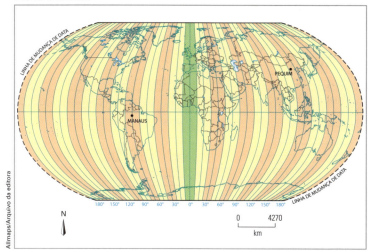

Adaptado de: DE AGOSTINI, 2011.

Com base no mapa e nas informações acima, considere a seguinte situação: João, que vive na cidade de Pequim, China, recebe uma ligação telefônica, às 9h da manhã de uma segunda-feira, de Maria, que vive na cidade de Manaus, Brasil. A que horas e em que dia da semana Maria telefonou?

a) 21h do domingo.
b) 17h do domingo.
c) 21h da segunda-feira.
d) 17h da terça-feira.
e) 21h da terça-feira.

Questões

14. (PUC-RJ)

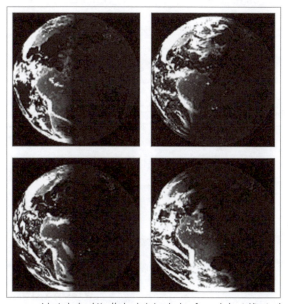

Adaptado de: <http://calendario.incubadora.fapesp.br/portal/textos/aluno/atexto08>.

As fotografias de satélite foram tiradas, na sequência, em datas importantes que se referem ao início das quatro estações do ano. Com base nessa informação,

a) identifique a estação do ano que tem início no hemisfério sul na foto 3 e justifique a sua resposta;
b) identifique, para cada uma das fotos, um solstício ou um equinócio tendo como referência o hemisfério norte.

15. (UFBA)

Fundamentado na ilustração, nos conhecimentos relativos à questão da orientação sobre o espaço geográfico e na observação das diferentes posições do Sol na linha do horizonte, em diferentes períodos do ano, sobre uma cidade localizada em latitudes médias,

a) identifique **em que hemisfério** se localiza a cidade mostrada na ilustração, explicando o motivo pelo qual o Sol, ao meio-dia, em 21 de junho, encontra-se posicionado no ponto mais alto da linha do horizonte.

Posições do Sol ao meio-dia

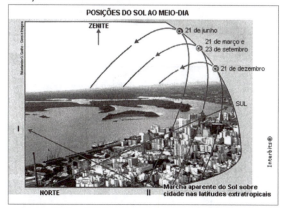

b) identifique, na cidade apresentada na figura, **as estações do ano** e **os períodos** de solstício ou equinócio em

21 de março   23 de setembro
período   período

c) cite **duas consequências** geográficas ligadas à trajetória da luz do Sol, na linha do horizonte, ao se deslocar no sentido de **I** para **II**.

Coordenadas, movimentos da Terra e fusos horários

REPRESENTAÇÕES CARTOGRÁFICAS, ESCALAS E PROJEÇÕES

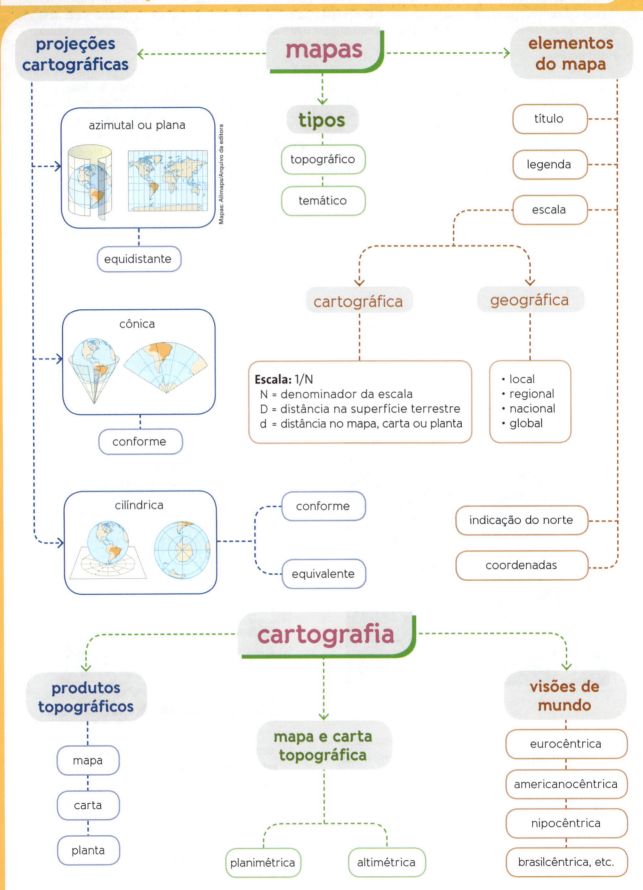

Exercícios

Testes

1. (Unesp-SP) Observe a figura:

Mapa da Mesopotâmia

Disponível em: <ufrgs.br/museudetopografia>. Acesso em: 29 jul. 2014.

É o mapa mais antigo que sobreviveu até hoje, foi encontrado na região da Mesopotâmia e representa o mapa de Ga-Sur. Desenhado por volta de 2 300 a.C., em um tablete de argila cozida, medindo 7 centímetros, tão pequeno que cabe na palma da mão, ele representa o rio Eufrates cercado por montanhas.

Adaptado de: OLIVEIRA, Ceurio de. *Cartografia histórica*, 2000.

A indicação do mapa e o texto demonstram que essa região histórica e geográfica está, hoje, localizada

a) no Egito.
b) no Iraque.
c) na Arábia Saudita.
d) no Nepal.
e) no Irã.

2. (UPE) A professora de Geografia de uma turma do terceiro ano do Ensino Médio entregou aos alunos o mapa esquemático reproduzido a seguir e perguntou-lhes o que ele estava representando. Das respostas obtidas, a correta afirma que são curvas

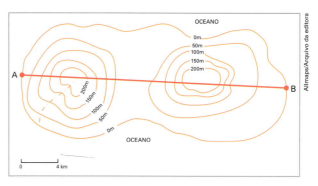

a) de gradiente de pressão entre A e B.
b) batimétricas de uma ilha fluvial.
c) de nível.
d) isotérmicas das áreas insulares A e B.
e) do tipo isóbaras.

3. (UFPR) A figura a seguir corresponde ao recorte de uma carta topográfica, contendo um alinhamento tomado entre os pontos A e B.

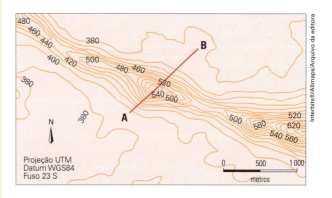

A respeito da figura apresentada, considere as seguintes afirmativas:

1. O alinhamento AB apresenta direção NW-SE e comprimento menor do que 2 km.
2. O alinhamento AB apresenta direção SW-NE e comprimento menor do que 4 km.
3. O alinhamento AB apresenta amplitude altimétrica menor do que 1000 m.
4. O alinhamento AB apresenta amplitude altimétrica maior do que 800 m.

Assinale a alternativa correta.

a) Somente a afirmativa 1 é verdadeira.
b) Somente a afirmativa 2 é verdadeira.
c) Somente as afirmativas 2 e 3 são verdadeiras.
d) Somente as afirmativas 2 e 4 são verdadeiras.
e) Somente as afirmativas 1, 3 e 4 são verdadeiras.

Representações cartográficas, escalas e projeções

4. (UFPA)

Mapa 1

Mapa 2

VERÍSSIMO, et al. *Polos madeireiros do estado do Pará.* Belém: Imazon, 2002.

A análise dos mapas apresentados em diferentes escalas permite identificar que

a) a redução da escala permite maior detalhamento das informações.
b) a escala utilizada na representação do mapa 1 é maior do que no mapa 2.
c) há preferência pelo uso da escala numérica em detrimento da escala gráfica.
d) a distância real entre as cidades é maior no mapa 2 do que no mapa 1, em função da escala utilizada.
e) os níveis de detalhes observados no mapa 2 resultam da utilização de uma escala maior do que a do mapa 1.

5. (UERJ)

Na tirinha, Calvin e o tigre Haroldo usam um globo terrestre para orientar sua viagem da Califórnia, Estados Unidos, para o território do Yukon, no extremo norte do Canadá. Considerando as áreas de origem e destino da viagem pretendida, nota-se que o tigre comete um erro de interpretação no último quadrinho.

Esse erro mostra que Haroldo não sabe que o globo terrestre é elaborado com base no seguinte elemento da linguagem cartográfica:

a) escala pequena.
b) projeção azimutal.
c) técnica de anamorfose.
d) convenção equidistante.

6. (UFRGS-RS) Considere as afirmações abaixo sobre escala cartográfica.

I. Em um mapa, a menor distância entre duas cidades é representada por 5 cm. Sabendo-se que a distância real entre ambas é de 250 km, em linha reta, o mapa foi elaborado na escala 1 : 5 000 000.

II. Sabendo-se que duas cidades distam uma da outra 150 km em linha reta, em um mapa de escala 1 : 1 000 000, a distância gráfica entre as duas cidades é de 10 cm.

III. Foram elaborados dois mapas do município de Porto Alegre; um na escala 1 : 100 000 e outro na escala 1 : 25 000. O mapa na escala 1 : 25 000 apresenta maior grau de detalhamento no traçado dos elementos representados.

Quais estão corretas?

a) Apenas I.
b) Apenas II.
c) Apenas I e III.
d) Apenas II e III.
e) I, II e III.

7. (UERN)

    Representações em escala pequena mostram áreas muito extensas, com poucos detalhes, e são geralmente chamadas de mapas, já as representações em escala grande mostram áreas menores, porém com maior grau de detalhamento, e são chamadas de cartas. Representações em escalas muito grandes e com alto grau de detalhamento são chamadas de plantas.

    Adaptado de: MOREIRA, João Carlos; SENE, Eustáquio de. *Geografia geral e do Brasil. Espaço geográfico e globalização.* São Paulo: Scipione, 2004. p. 28.

    Considere as situações hipotéticas a seguir.

    I. Para localizar ruas e avenidas de Natal.

    II. Para localizar a cidade de Natal.

    Deve-se utilizar, respectivamente,

    a) carta topográfica e mapa do Brasil.
    b) planta e mapa do Brasil.
    c) mapa-múndi e planta.
    d) carta topográfica e carta topográfica.

8. (UEM-PR) O mapa é uma visão reduzida de parte ou de toda a superfície terrestre. A partir dessa relação de grandeza, apresenta-se a escala. Com relação à escala, assinale o que for **correto**.

    01) Os mapas podem apresentar dois tipos de escala: a escala numérica, que é representada por uma fração, e a escala gráfica, que é uma linha graduada na qual se indica a relação entre a distância real e as distâncias representadas no mapa.

    02) Em um mapa com escala de 1 : 3 000 000, a distância em linha reta entre as cidades de Maringá e de Cascavel é 72 mm. Essa distância em linha reta, no real, corresponde a 216 km.

    04) Pode-se afirmar que, quanto maior a razão da escala, maior é a área mapeada. Sendo assim, o mapa-múndi, numa escala de 1 : 5 000 000, por exemplo, possui a maior escala, pois abarca toda a superfície terrestre.

    08) Em um mapa, uma fazenda, "A", é representada por um retângulo de 5 cm por 8 cm. Nesse mesmo mapa, uma outra fazenda, "B", é representada por um retângulo de 2,5 cm por 4 cm. Logo, a área da fazenda "A" é 2 vezes maior que a área da fazenda "B".

    16) Escala é a relação entre o tamanho do fato geográfico representado no mapa e o seu tamanho real na superfície terrestre.

9. (Fuvest-SP) Observe o mapa a seguir, no qual estão representadas cidades africanas em que ocorreram jogos da seleção brasileira de futebol pouco antes e durante a Copa do Mundo de 2010.

Adaptado de: SIMIELLI, M. E. *Geoatlas*, 2010.

As distâncias*, em linha reta e em km, entre **Johannesburgo** e as demais cidades localizadas no mapa, estão corretamente indicadas em:

	Dar es Salaam	Harare	Durban	Porto Elizabeth
a)	25 900	9 100	5 600	10 500
b)	18 900	5 380	870	4 600
c)	2 590	910	560	1 050
d)	259	91	56	105
e)	1 890	530	87	460

*Valores aproximados.

10. (UnB-DF) Do ponto de vista cartográfico, é impossível representar a superfície curvilínea da Terra em um plano. As projeções cartográficas minimizam as distorções criadas no mapa, conforme mostra o plano de projeção ao lado. A partir dessas informações, assinale a opção em que a representação cartográfica corresponde ao plano de projeção mostrado na figura ao lado.

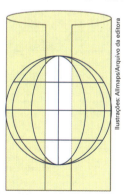

a)

Representações cartográficas, escalas e projeções

b)

c)

d)

11. (Unicamp-SP) Abaixo é reproduzido um mapa-múndi na projeção de Mercator.

Adaptado de: <http://www.geog.ubc.ca/courses/geob370/notes/georeferencing/Rect_CoordsLect.html>. Acesso em: 29 jul. 2014.

É possível afirmar que, nesta projeção,

a) os meridianos e paralelos não se cruzam formando ângulos de 90°, o que promove um aumento das massas continentais em latitudes elevadas.

b) os meridianos e paralelos se cruzam formando ângulos de 90°, o que distorce mais as porções terrestres próximas aos polos e menos as porções próximas ao equador.

c) não há distorções nas massas continentais e oceanos em nenhuma latitude, possibilitando o uso deste mapa para a navegação marítima até os dias atuais.

d) os meridianos e paralelos se cruzam formando ângulos perfeitos de 90°, o que possibilita a representação da Terra sem deformações.

12. (Unifesp) Observe o mapa.
A superfície terrestre está representada segundo a projeção

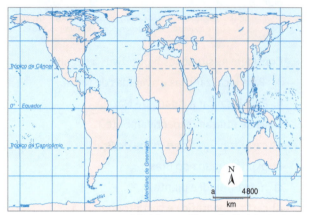

IBGE. Atlas geográfico escolar. Rio de Janeiro, 2004.

a) de Peters, criada na época das navegações.
b) de Mercator, elaborada no século XVI.
c) azimutal, que permite uma visão estratégica.
d) de Mercator, que facilita a navegação.
e) de Peters, que privilegia a área em detrimento da forma.

13. (PUC-RS)
A projeção cartográfica da Terra representada no desenho é do tipo

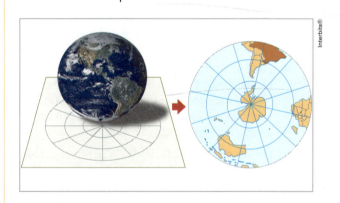

a) azimutal.
b) cilíndrica conforme.
c) cônica.
d) Mercator.
e) Peters.

14. (UFRN) As figuras a seguir foram construídas utilizando a projeção do tipo azimutal equidistante.
Sobre esse tipo de projeção, podemos afirmar que

Projeção azimutal equidistante

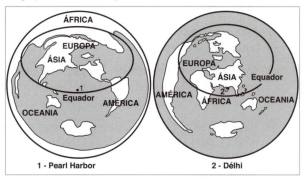

SENE, E. de; MOREIRA, J. C. *Geografia geral e do Brasil*: espaço geográfico e globalização. São Paulo: Scipione, 2003. p. 446.

a) representa as áreas de latitudes médias e a conservação das formas e dos ângulos continentais.

b) mostra um mundo igual para as pessoas e as nações, apresentando, pois, um conteúdo político e social.

c) conserva as formas das massas e a proporcionalidade dos diversos continentes.

d) representa distâncias e direções exatas a partir de um centro, revelando, dessa forma, um conteúdo geopolítico.

15. (UFPE) A representação da realidade nunca é perfeita como bem sintetiza Matthew Edney:

Todos os mapas servem a um propósito mais amplo; fazer mapas não é uma atividade neutra divorciada das relações de poder de qualquer sociedade humana, no passado ou no presente; não existe uma maneira única nem necessariamente melhor de representar tanto o mundo social quanto o físico.

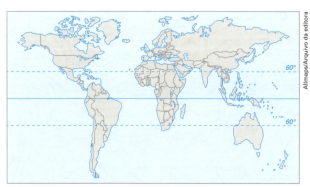

Com relação a esse tema, examine a projeção de Arno Peters e analise as observações feitas a seguir.

( ) Esta projeção de Peters apresentada em 1973 integra o conjunto de iniciativas promovidas após a segunda Guerra Mundial em busca de uma projeção politicamente mais adequada, na qual o Terceiro Mundo fosse fortalecido, mostrando seu tamanho real em relação ao chamado Primeiro Mundo.

( ) O holandês Gerardus Mercator elaborou, séculos antes, a sua famosa projeção cartográfica, originalmente, para ajudar na navegação marítima; porém, ela se transformou num modelo ou mapa-padrão para muitos mapas-múndi e consequentemente um modelo hegemônico de representação do mundo ocidental. Nessa projeção há distorções territoriais, principalmente nas áreas setentrionais e polares que a projeção de Peters tenta corrigir.

( ) A projeção de Peters se baseava numa crítica social e não tinha compromissos de precisão matemática com a distância entre os países e sim com relação à representação mais próxima das suas verdadeiras extensões. A sua construção foi bem recebida por toda a comunidade científica da área e bastante difundida e aplicada.

( ) Na projeção de Peters os meridianos estão separados a intervalos crescentes desde os polos até o equador; por isso os continentes, entre os meridianos 60° norte e sul, apresentam uma deformação (alongamento) no sentido norte-sul, sendo que os continentes que se situam em uma latitude elevada apresentam um achatamento no sentido norte-sul e um alongamento no sentido leste-oeste.

( ) Outra diferença desta projeção para a de Mercator é que os paralelos estão separados por uma distância menor, fazendo com que os continentes em latitudes menores que 60° (mais próximos do equador) fiquem mais "finos" (ou, com que haja um achatamento no sentido leste-oeste). Isso justifica o fato de os continentes sul-americano e africano apresentarem-se mais alongados.

16. (UERJ)

Os mapas são representações da realidade confeccionados com base tanto em fundamentos técnicos quanto nos objetivos para os quais se destinam.

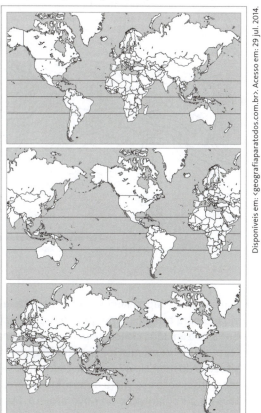

Disponíveis em: <geografiaparatodos.com.br>. Acesso em: 29 jul. 2014.

Representações cartográficas, escalas e projeções

Nos três planisférios anteriores utilizaram-se a mesma escala e a projeção de Gall-Bertin. As diferenças observadas nas três representações da superfície terrestre são explicadas pelo seguinte fator:

a) Limitação da tecnologia cartográfica.
b) Deformação da planificação do globo.
c) Estratégia da regionalização territorial.
d) Diversidade de perspectivas geopolíticas.

17. (UEM-PR) Sobre projeções cartográficas, assinale o que for **correto**.

01) Projeção cartográfica é o resultado de um conjunto de operações que permitem representar no plano, por meio de paralelos e meridianos, os fenômenos que estão dispostos na superfície de uma esfera.

02) As diversas projeções cartográficas revelam diferentes visões do mundo.

04) A projeção de Mercartor valoriza os países do hemisfério norte, geralmente localizados em latitudes mais altas do que as dos países do hemisfério sul.

08) Na elaboração de mapas, de escalas pequenas e médias, qualquer que seja a projeção cartográfica adotada, não haverá nenhum tipo de distorção perceptível.

16) A projeção equidistante mais comum tem como centro um dos polos, geralmente o polo norte, mas pode ter qualquer ponto da superfície terrestre.

Questões

18. (UERJ) Devido à dificuldade de representar o relevo terrestre sobre a superfície plana do mapa, os cartógrafos costumam empregar a técnica de mapeamento com curvas de nível. Observe a imagem a seguir, na qual esse recurso é utilizado.

Identifique, por meio dos pontos cardeais, o sentido para o qual está correndo o rio principal e indique qual das três rotas assinaladas é a ideal para atingir o ponto D pelo caminho com menor declividade.

Justifique suas respostas com base na interpretação das curvas de nível.

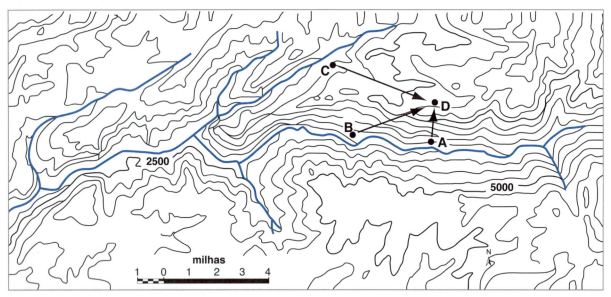

STRAHLER, A. N. *Geografia física*. Barcelona: Ômega, 1979.

19. (Unicamp-SP) Suponhamos que você tenha sido convidado para trabalhar num projeto municipal de arborização em uma cidade do porte de Campinas (SP). Num primeiro momento, você terá de examinar a situação do município como um todo. Num segundo momento, você escolherá determinadas áreas-piloto para a implantação do novo projeto. Esses dois momentos envolvem níveis de análise diferentes.

A partir dessa constatação e considerando que você terá os mapas e as plantas cadastrais a sua disposição nas escalas: 1 : 1 000 000, 1 : 50 000, 1 : 25 000, 1 : 10 000 e 1 : 5 000:

a) escolha a escala apropriada para analisar cada um destes dois momentos;

b) justifique sua escolha para cada um dos casos.

(UEG-GO)
Para responder às questões 20 e 21 utilize as figuras a seguir.

Figura A

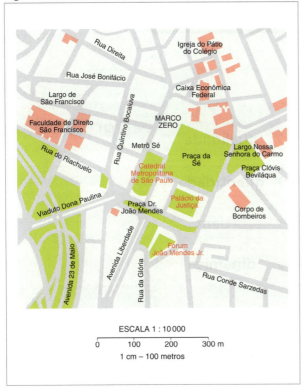

Figura B

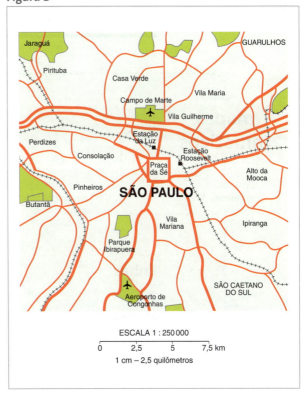

Figura C

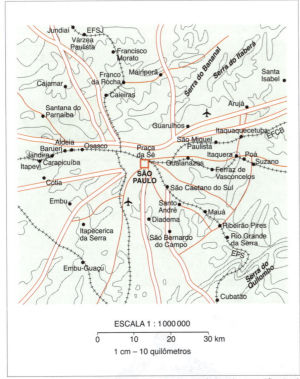

Adaptado de: FERREIRA, Graça M. Lemos. *Moderno atlas geográfico*. 2. ed. São Paulo: Moderna, 1993. p. 1.

20. Tomando o centro da Praça da Sé como referência (figura A), quais são as direções cardeais e/ou colaterais a serem seguidas por uma pessoa que tenha que se deslocar (em linha reta) até os seguintes locais?
    a) Largo de São Francisco;
    b) Catedral Metropolitana;
    c) Corpo de Bombeiros;
    d) Rua Conde Sarzedas.

21. Para representar a realidade num mapa é necessário estabelecer uma correspondência entre as dimensões do terreno e as do papel. Isso é feito por meio da escala que expressa o quanto a realidade foi "reduzida" para caber no mapa. Tendo como referência as figuras A, B e C, construídas em escalas 1 : 10 000, 1 : 250 000 e 1 : 1 000 000, respectivamente, responda ao que se pede.
    a) Classifique as figuras em escala grande, média e pequena.
    b) Explique o que ocorre à medida que a escala do mapa diminui. Em sua resposta, leve em consideração a correlação entre o tamanho da escala, a área passível de representação e a possibilidade de detalhamento ou a necessidade de generalização da informação representada.

Representações cartográficas, escalas e projeções

REPRESENTAÇÃO GRÁFICA

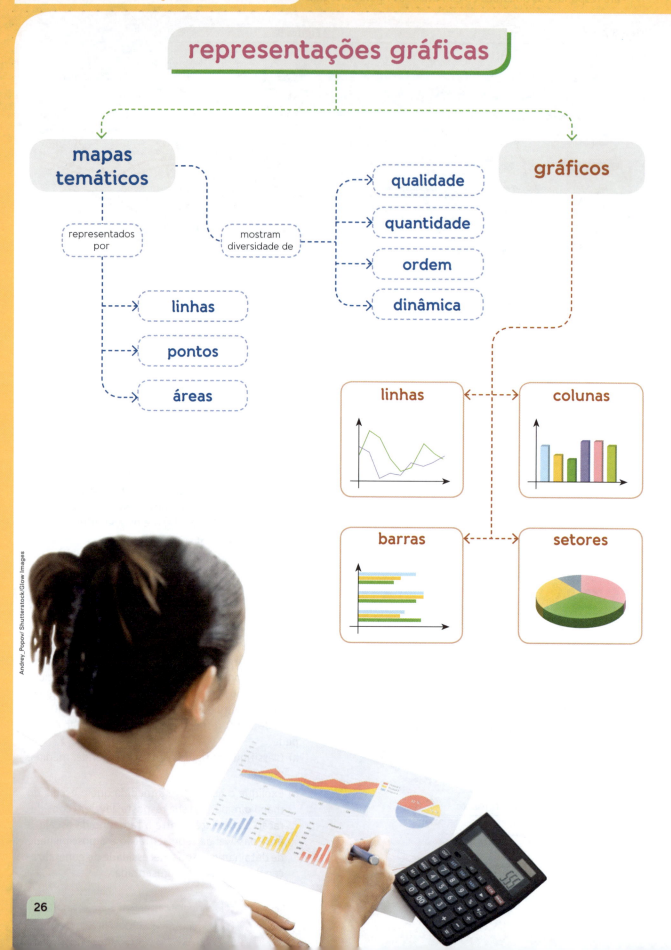

Exercícios

Testes

1. (UFRN) Os mapas a seguir apresentam duas formas de regionalização do continente americano.

Mapa 1

Mapa 2

Adaptado de: MARTINS, D. et al. *Geografia*: sociedade e cotidiano. São Paulo: Educacional, 2010. p. 81. v. 3.

Considerando que a regionalização do espaço geográfico se realiza a partir de diferentes critérios, a divisão regional desse continente representada no

a) mapa 2 está definida a partir de aspectos físico-ambientais.
b) mapa 1 está baseada em elementos político-territoriais.
c) mapa 1 está definida a partir de aspectos socioeconômicos.
d) mapa 2 está baseada em elementos histórico-culturais.

2. (UFC-CE) A tabela a seguir apresenta o número de habitantes das capitais estaduais da região Norte do Brasil.

Capital estadual	Número de habitantes
Belém	1 408 847
Boa Vista	249 853
Macapá	344 153
Manaus	1 646 602
Palmas	178 836
Porto Velho	369 345
Rio Branco	290 639

IBGE. Contagem da população 2007. Disponível em:<www.ibge.gov.br/cidadesat/default.php>. Acesso em: 29 jul. 2014.

Os dados da tabela podem ser representados em um mapa temático, instrumento utilizado em estudos comparativos para representar fenômenos que diferem em quantidade. A legenda desse mapa necessita de uma representação pontual por formas geométricas. Assinale a alternativa que indica a representação gráfica correta dos dados da tabela.

a) Formas geométricas diferentes, de tamanhos diferentes para cada capital.
b) Formas geométricas diferentes, de tamanhos iguais para todas as capitais.
c) Formas geométricas iguais para capitais com mais de 1 000 000 de habitantes e diferentes para as demais.
d) Formas geométricas iguais, de tamanhos diferentes, a de maior tamanho representando Belém e a de menor, Palmas.
e) Formas geométricas iguais, de tamanhos diferentes, a de maior tamanho representando Manaus e a de menor, Palmas.

Representação gráfica

3. (Unesp-SP) Espaço, território e rede geográfica são palavras-chaves na Geografia. A rede geográfica tem o poder de ultrapassar as fronteiras nacionais através da internet.

Analise o mapa com os usuários da internet no mundo.

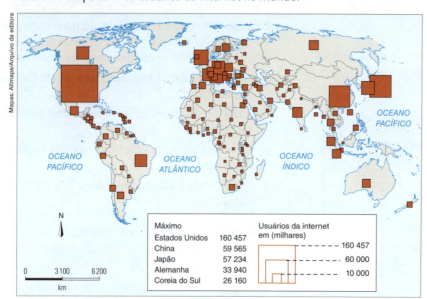

SECRETARIA DA EDUCAÇÃO. *Geografia, Ensino Médio*. São Paulo, 2008.

A partir dessa análise, pode-se afirmar que
a) os EUA, o Reino Unido e a Índia lideram os índices de usuários da internet.
b) o Brasil e o Canadá apresentam número semelhante de internautas.
c) a África Subsaariana tem o número total de internautas superior ao da América Latina.
d) a China, a Coreia do Sul e o Japão têm o mesmo número de internautas.
e) o número de usuários da internet da Austrália supera o do Mercosul.

4. (UFF-RJ)

Comunidade internacional: a difusão instantânea

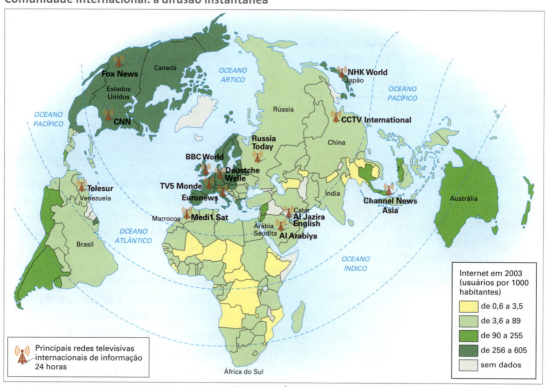

BONIFACE, P.; VÉDRINE, H. *Atlas do mundo global*. São Paulo: Estação Liberdade, 2009. p. 28.

O título do mapa refere-se a uma parcela da população mundial que, ao ter acesso à difusão instantânea, comporia uma espécie de Comunidade Internacional, ancorada em redes como as ilustradas acima. A comparação entre a localização geográfica das redes televisivas e a da maior densidade de usuários de internet admite a indicação de outro título adequado a esse mapa.

Assinale-o.
a) Colonização inversa: a provocação dos centros
b) Polarização norte-sul: a fragmentação global
c) Globalização em foco: um choque de civilizações
d) Integração regional: o protagonismo das periferias
e) Comunicação digital: o fim das diferenças culturais

28 Caderno de Estudo

5. (UFSM-RS) Observe a figura:

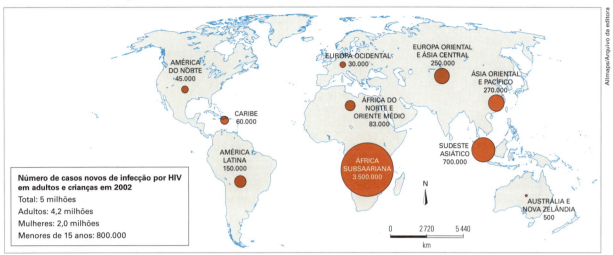

Adaptado de: TERRA, Lygia; ARAÚJO, Regina; GUIMARÃES, Raul Borges. *Conexões*: estudos de Geografia geral e do Brasil. 1. ed. São Paulo: Moderna, v. 1, 2010. p. 61.

A representação cartográfica, juntamente com as informações apresentadas,

a) mostra uma linguagem de correlação e síntese, uma vez que permite identificar facilmente onde está o maior número de infectados pelo vírus HIV.
b) tem como objetivo central a precisão na localização do objeto geográfico; no caso, o número de novas infecções por HIV em adultos e crianças.
c) constitui-se num mapa topográfico que utiliza estatísticas colocadas no meio das unidades territoriais.
d) apresenta uma configuração preliminar, em que o fenômeno é apresentado na forma de croqui.
e) revela a intenção de, ao representar o fenômeno geográfico, deformar intencionalmente as superfícies reais para a visualização do número de novas infecções por HIV em adultos e crianças.

6. (Fuvest-SP)

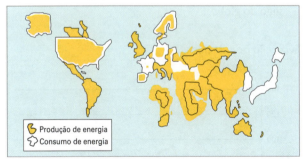

AAA, 2000.

Observando a representação cartográfica, pode-se afirmar que se trata de uma:

a) carta topográfica, indicando que o Japão consome mais energia do que produz.
b) anamorfose, indicando que a França produz mais energia do que consome.
c) anamorfose, indicando que os Estados Unidos consomem mais energia do que produzem.
d) carta topográfica, indicando que a Alemanha produz mais energia do que consome.
e) anamorfose, indicando que os países africanos consomem mais energia do que produzem.

7. (Unesp-SP) Compare o mapa que representa os maiores países do mundo em área com o mapa anamórfico da população absoluta de cada país.

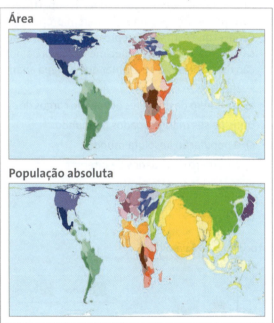

Disponíveis em: <www.worldmapper.org>. Acesso em: 29 jul. 2014.

A partir da comparação, pode-se afirmar que os principais países que possuem as menores densidades demográficas são:

a) Rússia, Canadá e Austrália.
b) China, Índia e Canadá.
c) Estados Unidos, China e Austrália.
d) Argentina, Brasil e Índia.
e) Estados Unidos, Índia e Brasil.

Representação gráfica

8. (UESC)

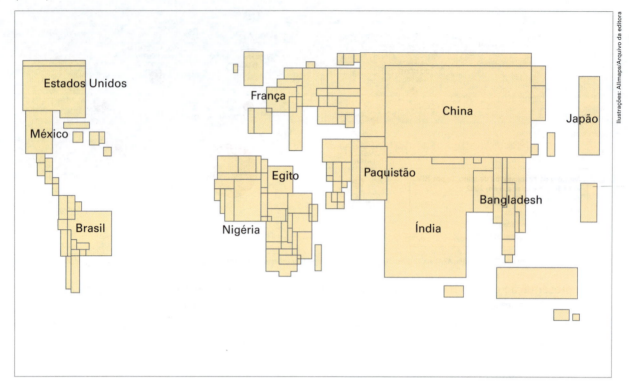

Anamorfose é um mapa no qual as superfícies reais sofrem distorções para se tornarem proporcionais à variável que está sendo representada. Com base nessa informação e nos conhecimentos sobre a população mundial, pode-se afirmar que o mapa anamórfico representa

a) o número de mulheres ocupando cargos de chefia.
b) os países mais povoados do mundo.
c) a população absoluta mundial.
d) o número de usuários da internet.
e) a densidade demográfica do planeta.

9. (UERJ)

Estoque de terra arável

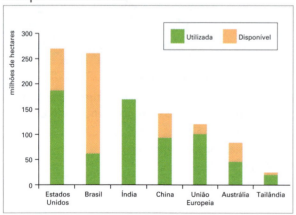

Adaptado de: <dailyreckoning.com>. Acesso em: 29 jul. 2014.

A ampliação da oferta de alimentos é um dos maiores desafios da humanidade para as próximas décadas.

Com base na disponibilidade do recurso natural representada no gráfico, o país com maior potencial para expansão do seu setor agropecuário é:

a) Índia   c) Brasil
b) China   d) Estados Unidos

10. (UEG-GO) Suponha que o seguinte gráfico representa a evolução populacional de uma determinada região do globo.

Evolução populacional

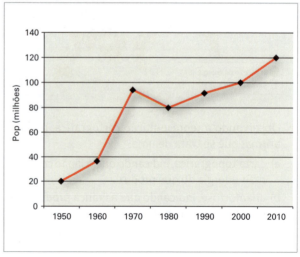

30 Caderno de Estudo

Com base no gráfico, é CORRETO afirmar:

a) o maior crescimento percentual foi no período de 1980 a 1990 e o menor foi entre 1950 e 1960.
b) no período de 1960 a 1970 houve um crescimento absoluto maior que no período de 1980 a 2010.
c) a queda da população entre os anos 1960 e 1980 foi superior àquela registrada entre 1970 e 1980.
d) o crescimento percentual no período de 1950 a 2010 foi de 50%, enquanto entre 1990 e 2000 foi de 4%.

11. (Unesp-SP) Os setogramas mostram a **Produção Energética Mundial** em dois momentos distintos: 1973 e 2005.

Produção energética mundial

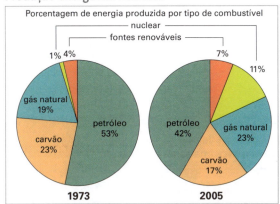

SMITH, Dan. *Atlas da situação mundial*. Um levantamento único dos eventos correntes e das tendências globais. São Paulo: Companhia Editora Nacional, 2007.

a) no contexto da produção energética mundial, entre os dois momentos analisados, a energia nuclear teve uma diminuição em seus índices porque sua construção e operação apresentam altos custos, com elevada emissão de gases de efeito estufa.
b) atualmente, a fonte de energia renovável que mais aumenta a produção é a eólica, devido ao funcionamento mais limpo e mais confiável, apesar da média emissão de gases.
c) a grande queda na produção de energia a partir do petróleo ocorreu nesse período devido à redução das reservas petrolíferas mundiais e o crescente desenvolvimento de novas tecnologias de energias não renováveis como a geotérmica e o biocombustível.
d) o rápido aumento da produção de energia de fontes não renováveis, como a solar, hidráulica, marés, correntes marítimas e biomassa deve-se ao fato de não gerarem poluição e risco de grandes acidentes.
e) a redução de energia produzida pelo carvão mineral deve-se, entre vários fatores, ao fato de provocar elevada emissão de gases de efeito estufa e contribuir para a ocorrência de chuva ácida.

12. (FGV-SP) Analise o gráfico para responder à questão. A análise do gráfico e os conhecimentos sobre o comércio mundial permitem afirmar que, entre 1953 e 2008,

Exportações mundiais de mercadorias por região – em %

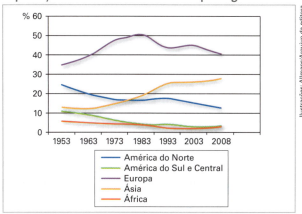

Disponível em: <www.wto.org/french/res_f/statis_f/its2009_f/its2009_f.pdf>. Acesso em: 29 jul. 2014.

a) as exportações norte-americanas de produtos de baixa tecnologia perderam importância no mundo devido à concorrência com os produtos europeus.
b) os países da América do Sul e Central reduziram o percentual de exportações porque encontraram dificuldades para se integrarem em blocos econômicos.
c) o comércio exterior europeu sofreu oscilações e entrou em declínio quando os países do leste da Europa iniciaram a transição para o sistema capitalista.
d) o crescimento das exportações asiáticas foi expressivo devido à ascensão econômico-industrial dos Tigres Asiáticos e, posteriormente, da China.
e) o continente africano, exportador de *commodities* agrícolas, vem reduzindo a participação no comércio mundial devido aos sérios problemas ambientais que enfrenta.

Questão

13. (Unesp-SP) Analise o mapa anamórfico.

Mortalidade infantil

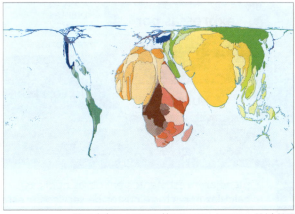

Disponível em: <www.worldmapper.org>. Acesso em: 29 jul. 2014.

Explique essa representação cartográfica e mencione dois exemplos de regiões geográficas mundiais com maiores e dois com menores taxas de mortalidade infantil.

TECNOLOGIAS MODERNAS USADAS PELA CARTOGRAFIA

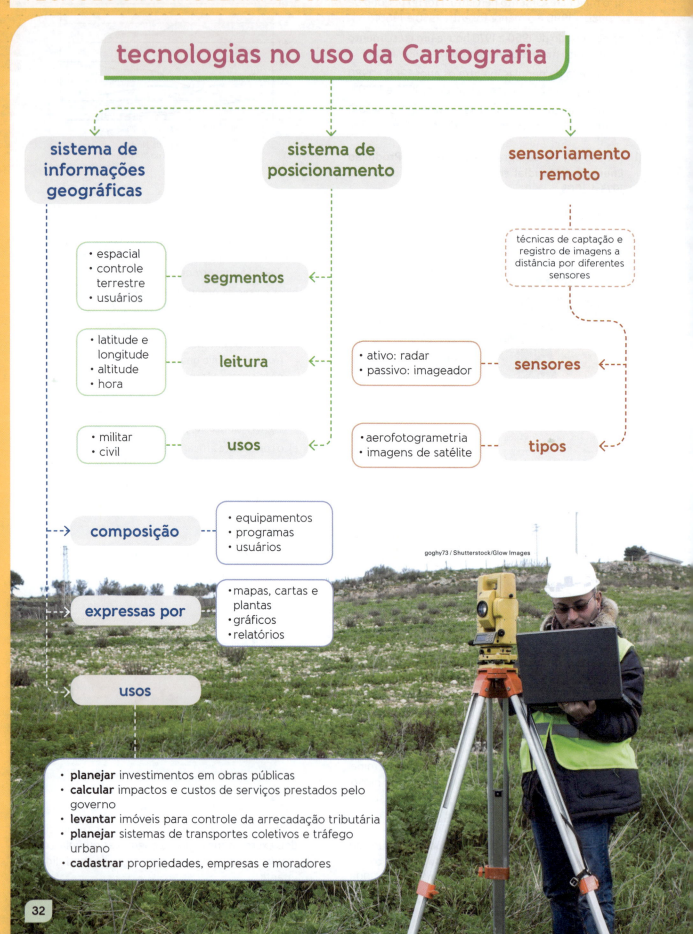

Exercícios

Testes

1. (UFPI) O sensoriamento remoto é uma técnica utilizada pela Cartografia para analisar e interpretar o espaço geográfico. Marque a alternativa que indica corretamente o material utilizado por essa técnica.
   a) Telescópio, bússola e clinômetro.
   b) Astrolábio, satélites e altímetro.
   c) Fotos aéreas, imagens de radar e de satélites.
   d) Cartas marítimas, cartas náuticas e radares.
   e) Termógrafos, bússolas e curvímetros.

2. (UFC-CE) As disputas entre nações pelo poder definem setores estratégicos no desenvolvimento da ciência e da tecnologia. Este é o caso de instrumentos e técnicas utilizados pelas potências mundiais durante a Guerra Fria. Como decorrência, parte dessa tecnologia cria, hoje, novas possibilidades para a Cartografia. Acerca desse tema, é correto afirmar que:
   a) o Instituto Nacional de Pesquisas Espaciais (INPE) é o órgão responsável pelos satélites brasileiros, que captam e transmitem dados climáticos e ambientais.
   b) o sistema de aerofotografias permite observar a evolução de frentes frias e quentes, bem como a temperatura da Terra e a formação de tufões e furacões.
   c) o sofisticado Sistema de Posicionamento Global, que foi concebido para estudos ambientais, emite, por meio do aparelho GPS, sinais de alta precisão recebidos pelos satélites.
   d) a cartografia automática alimentada pelas técnicas de sensoriamento remoto utilizadas hoje dispensa a geração de dados estatísticos e os levantamentos de campo.
   e) o fundamento do Sistema de Informações Geográficas (SIG) é simples: um avião percorre uma faixa em linha reta e fotografa sucessivamente uma área, gerando imagens estereoscópicas.

3. (Unimontes-MG)
   Seis anos após seu lançamento, a gigante de buscas informou que seu programa de visualização e exploração do globo terrestre, Google Earth, acaba de atingir a marca de mais de um bilhão de downloads.
   [...] Além do impressionante volume de downloads, o Google Earth moldou uma nova forma de pessoas checarem o mundo, o que gerou não somente novos conhecimentos e acessos a regiões que muitos não tinham como conhecer precisamente antes da forma otimizada pelo Earth.

   Disponível em: <http://www.techtudo.com.br>. Acesso em: 29 jul. 2014.

   O programa Google Earth transformou-se, também, em um instrumento para a Geografia, uma vez que permite
   a) pesquisar a intimidade da população e criar um banco de dados com essas informações.
   b) obter informações da superfície terrestre, mesmo o usuário estando distante do espaço pesquisado.
   c) identificar a localização espacial de qualquer pessoa, em um determinado ponto da Terra.
   d) descobrir os recursos minerais presentes no subsolo de qualquer ponto da Terra.

4. (Fuvest-SP) Considere os exemplos das figuras e analise as frases a seguir, relativas às imagens de satélites e às fotografias aéreas.

   Imagem de satélite

   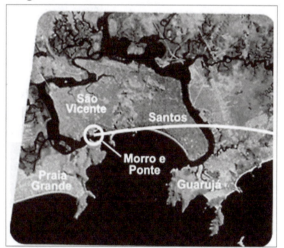

   INPE/LANDSAT/CBERS-2.

   Fotografia aérea

   Base Aerofotogrametria.

I. Um dos usos das imagens de satélites refere-se à confecção de mapas temáticos de escala pequena, enquanto as fotografias aéreas servem de base à confecção de cartas topográficas de escala grande.

II. Embora os produtos de sensoriamento remoto estejam, hoje, disseminados pelo mundo, nem todos eles são disponibilizados para uso civil.

III. Pelo fato de poderem ser obtidas com intervalos regulares de tempo, dentre outras características, as imagens de satélites constituem-se em ferramentas de monitoramento ambiental e instrumental geopolítico valioso.

Está correto o que se afirma em:

a) I, apenas.
b) II, apenas.
c) II e III, apenas.
d) I e III, apenas.
e) I, II e III.

5. (UERJ)

   Parece improvável, mas é verdade: o Polo Norte Magnético está se movendo mais depressa do que em qualquer outra época da história da humanidade, ameaçando mudar de meios de transporte a rotas tradicionais de migração de animais. O ritmo atual de distanciamento do norte magnético da Ilha de Ellesmere, no Canadá, em direção à Rússia, está fazendo as bússolas errarem em cerca de um grau a cada cinco anos.

   Adaptado de: O Globo, 08/03/2011.

   O fenômeno natural descrito acima não afeta os aparelhos de GPS – em português, Sistema de Posicionamento Global. Isso se explica pelo fato de esses aparelhos funcionarem tecnicamente com base na:

   a) recepção dos sinais de rádio emitidos por satélites
   b) gravação prévia de mapas topográficos na memória digital
   c) programação do sistema com as tabelas da variação do Polo Norte
   d) emissão de ondas captadas pela rede analógica de telefonia celular

6. (CFTMG) Os chamados Sistemas de Informação Geográficas auxiliam na solução de diversos problemas referentes à análise do espaço geográfico na sociedade contemporânea. Nesse contexto, lista-se:
   I. Avaliação de recursos naturais.
   II. Medição da fertilidade do solo.
   III. Determinação do hipocentro de terremotos.
   IV. Planejamento de rota da coleta do lixo urbano.

   As atividades que não se aplicam a essa geotecnologia são

   a) I e IV.
   b) I e III.
   c) II e III.
   d) II e IV.

7. (UFBA) Cada ponto do espaço geográfico possui uma localização que pode ser rigorosamente determinada.

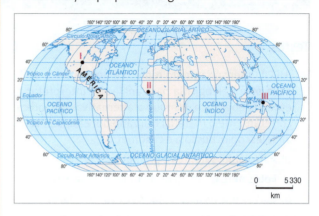

Com base na afirmação, na análise do mapa e nos conhecimentos sobre a localização geográfica dos lugares e suas relações espaciais, pode-se afirmar:

(01) I e II situam-se em hemisférios contrários, em função de suas respectivas posições longitudinais, porém apresentam ambientes climáticos semelhantes.

(02) III apresenta, pela sua posição geográfica, menor grau de latitude em relação a I e maior grau de longitude em relação a II.

(04) A intersecção entre as coordenadas geográficas – latitude e longitude –, medidas em graus, permite a localização de qualquer lugar na superfície terrestre.

(08) O Sistema de Posicionamento Global (GPS) calcula a posição dos satélites por meio de sinais e determina, com exatidão, a localização de qualquer ponto na superfície da Terra, fornecendo a altitude do lugar e as coordenadas geográficas.

(16) As relações entre os diversos lugares do espaço geográfico ocorrem por meio de fluxos e/ou de redes, que se espalham por todo o planeta, em escalas hierárquicas e densidades diferenciadas.

(32) O controle do continente asiático pelo imperialismo europeu, no século XIX, foi dificultado devido ao desconhecimento, por parte dos exploradores, das técnicas e dos equipamentos necessários à orientação geográfica.

8. (Unicamp-SP) Sobre a Revolução Informacional e suas implicações para a reorganização do mundo contemporâneo, podemos afirmar que:
   a) Alguns Estados e um conjunto diminuto de grandes empresas controlam o essencial da revolução tecnológica em curso, atualizando o desenvolvimento geograficamente desigual.
   b) Dado o alcance planetário do sistema técnico informacional, a população tem amplo acesso a uma informação verdadeira que unifica os lugares, tornando o mundo uma democrática aldeia global.

c) Há um acentuado enfraquecimento das funções de gestão das metrópoles, processo determinado pela descentralização da produção, apoiada no uso intensivo das tecnologias da informação e comunicação.

d) Os mais diversos fluxos de informações perpassam as fronteiras nacionais, anulando o papel do Estado-Nação como ente regulador e definidor de estratégias no jogo político mundial.

Questões

9. (UERJ) A obtenção de imagens aéreas da superfície terrestre representou um grande impulso para as técnicas de mapeamento, dando-lhes maior precisão e aplicabilidade. Essas inovações só se tornaram possíveis no século XX, com a invenção do avião e, posteriormente, com a utilização de satélites artificiais.

   Observe a imagem feita por satélite de uma erupção vulcânica ocorrida em 2004 na Oceania.

   Considerando o processo de representação cartográfica, indique duas vantagens da obtenção de imagens da superfície terrestre por satélites em comparação com as imagens obtidas por fotografias aéreas. Em seguida, aponte duas utilizações das imagens de satélites para o estudo da superfície terrestre.

NASA/Jesse Allen. Disponível em: <www.apolo11.com>. Acesso em: 29 jul. 2014.

10. (Unicamp-SP) A ilustração a seguir representa a constelação de satélites do Sistema de Posicionamento Global (GPS) que orbitam em volta da Terra.

    a) Qual a finalidade do GPS? Como esses satélites em órbita transmitem os dados para os aparelhos receptores localizados na superfície terrestre?

    b) O que são "latitude" e "longitude"?

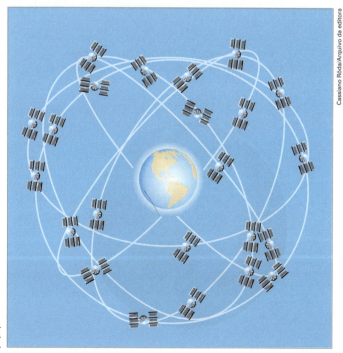

Adaptado de: VENTURI, Luis Antonio Bittar et al.
Praticando Geografia: técnicas de campo e laboratório.
São Paulo: Oficina de Textos, 2005. p. 25.

Tecnologias modernas usadas pela Cartografia | **35**

ESTRUTURA GEOLÓGICA

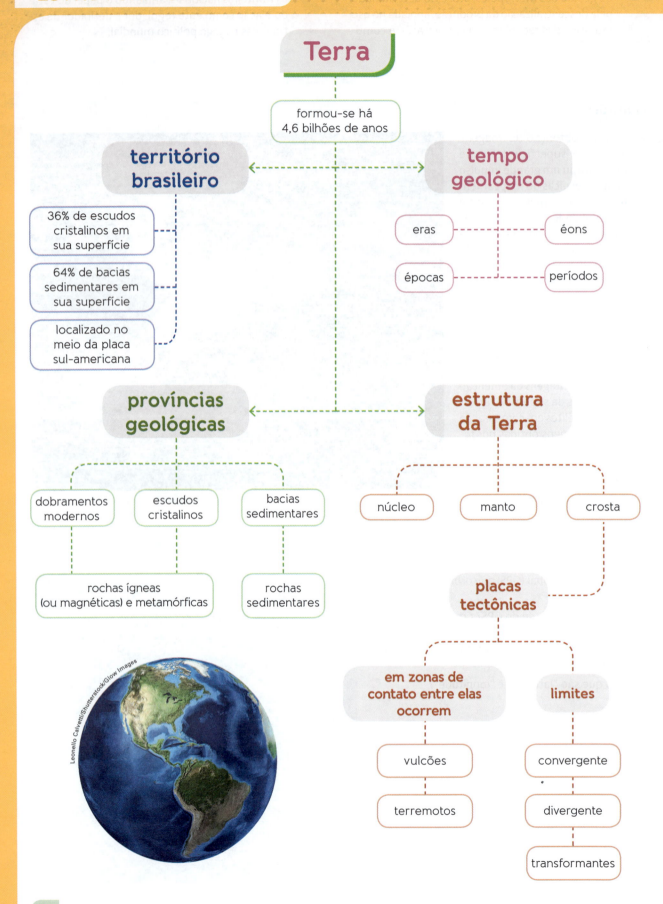

Exercícios

Testes

1. (UFPB) Em 2010, a cidade de João Pessoa sofreu um pequeno abalo sísmico, sentido por uma considerável parcela da população, principalmente a que se encontrava em andares mais elevados de edifícios. O epicentro desse abalo foi no Estado do Rio Grande do Norte e ocorreu, segundo os especialistas, devido à acomodação geológica do terreno. O mapa a seguir apresenta a distribuição das placas tectônicas:

Placas tectônicas

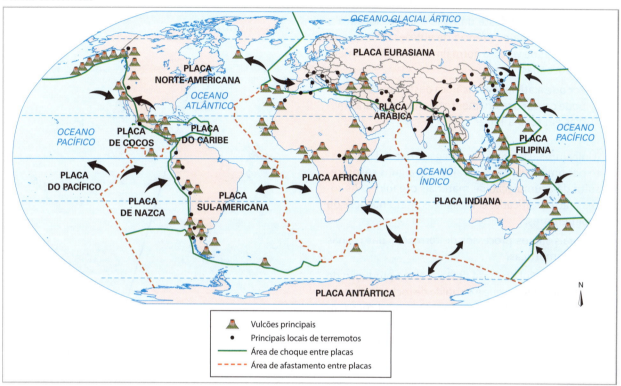

Adaptado de: *Atlas geográfico escolar*. Rio de Janeiro: IBGE, 2002. p. 66.

De acordo com o exposto e a literatura sobre os abalos sísmicos, julgue os itens a seguir, considerando a localização do Brasil e a ocorrência desses eventos no país:

( ) Por estar localizado na borda de uma placa tectônica, os abalos sísmicos são muito frequentes e de intensidade moderada a forte.

( ) Por estar localizado no centro de uma placa tectônica, os abalos sísmicos são pouco frequentes e de intensidade baixa a moderada.

( ) Por estar localizado no centro de uma placa tectônica, é considerado um país assísmico, e o evento ocorrido em 2010 foi um episódio inédito e anômalo.

( ) Por estar assentado, em grande parte, sobre um embasamento geológico antigo, os sismos ocorridos são típicos de uma região intraplaca.

( ) Por estar localizado sobre a Placa Sul-americana que se move em direção a oeste, as acomodações geológicas que podem ser geradas provocam abalos sísmicos de intensidade baixa a moderada.

2. (Fuvest-SP) Do ponto de vista tectônico, núcleos rochosos mais antigos, em áreas continentais mais interiorizadas, tendem a ser os mais estáveis, ou seja, menos sujeitos a abalos sísmicos e deformações. Em termos geomorfológicos, a maior estabilidade tectônica dessas áreas faz com que elas apresentem uma forte tendência à ocorrência, ao longo do tempo geológico, de um processo de

a) aplainamento das formas de relevo, decorrente do intemperismo e da erosão.

b) formação de depressões absolutas, gerada por acomodação de blocos rochosos.

c) formação de *canyons*, decorrente de intensa erosão eólica.

d) produção de desníveis topográficos acentuados, resultante da contínua sedimentação dos rios.

e) geração de relevo serrano, associada a fatores climáticos ligados à glaciação.

Estrutura geológica **37**

Questões

3. (Unicamp-SP)

> Em 1883, a violenta erupção do vulcão indonésio de Krakatoa riscou do mapa a ilha que o abrigava e deixou em seu rastro 36 mil mortos e uma cratera aberta no fundo do mar. Os efeitos da explosão foram sentidos até na França; barômetros em Bogotá e Washington enlouqueceram; corpos foram dar na costa da África; o estouro foi ouvido na Austrália e na Índia.
>
> S. Winchester, *Krakatoa – o dia em que o mundo explodiu*. Rio de Janeiro: Objetiva, 2003, contracapa.

a) Por que no sudeste da Ásia, onde se localiza a Indonésia, há ocorrência de vulcões? Por que as encostas de vulcões normalmente são densamente povoadas?

b) Por que a atividade vulcânica deste tipo de vulcão pode causar o resfriamento nas temperaturas médias em toda a Terra?

4. (Unicamp-SP) Rocha é um agregado natural composto por um ou vários minerais e, em alguns casos, resulta da acumulação de materiais orgânicos. As rochas são classificadas como ígneas, metamórficas ou sedimentares.

a) Quais são os processos de formação das rochas metamórficas?

b) A Região Sul do Brasil destaca-se na produção de carvão mineral, que é extraído de rochas sedimentares do período Carbonífero. Que condições ambientais permitiram a acumulação desse material orgânico e que processos levaram à posterior formação do carvão mineral?

5. (UFES)

	Terremoto no Japão	Terremoto no Haiti
Data da ocorrência:	10 de março de 2011	12 de janeiro de 2010
Magnitude:	8,9 graus na escala Richter	7 graus na escala Richter
Número de mortos:	13 mil	200 mil
IDH*:	0,884 (muito elevado)	0,404 (baixo)

*O IDH – Índice de Desenvolvimento Humano é formado por dados sobre esperança de vida ao nascer, escolaridade e distribuição da riqueza produzida. Varia de 0 a 1.

Explique

a) a semelhança na causa da ocorrência de terremotos, nos dois países;

b) a diferença no impacto social em consequência dos terremotos, entre os dois países, considerando suas situações socioeconômicas.

6. (Unicamp-SP) O mapa a seguir apresenta os abalos sísmicos superiores à magnitude 3,0 identificados no Brasil entre 1767 e 2007.

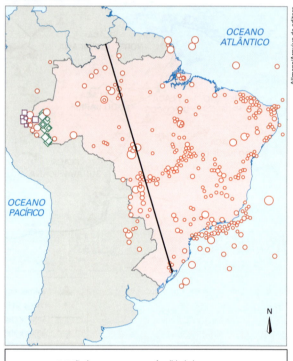

Disponível em: <http://www.iag.usp.br/~agg110/moddata//SISMOLOGIA/Conceitos_Sismologia.pdf>. Acesso em: 29 jul. 2014.

a) Embora distante da borda de placas tectônicas, o Brasil apresenta abalos sísmicos eventuais. Quais as características predominantes desses sismos no Brasil?

b) Por que o Estado do Acre apresenta grande quantidade de abalos sísmicos e por que eles são profundos?

ESTRUTURAS E FORMAS DO RELEVO

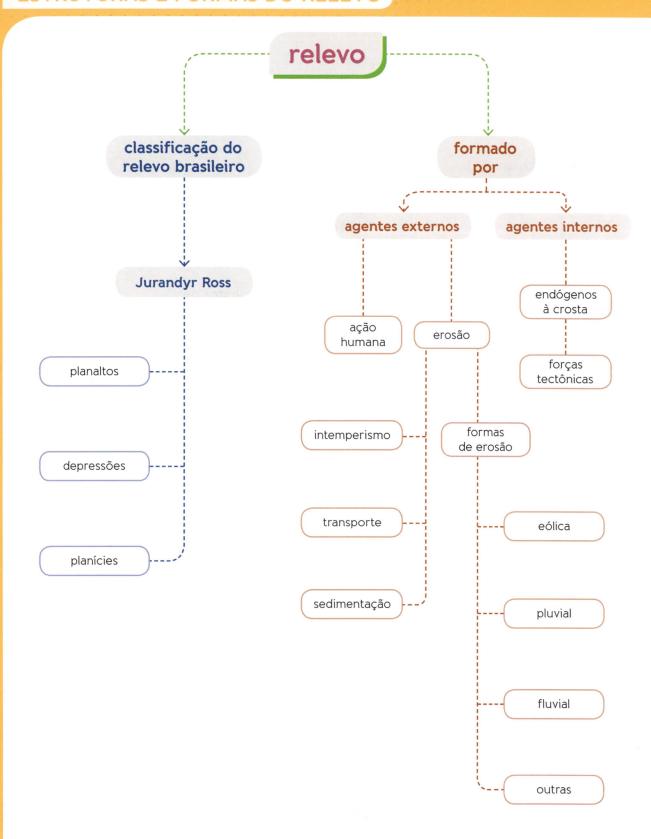

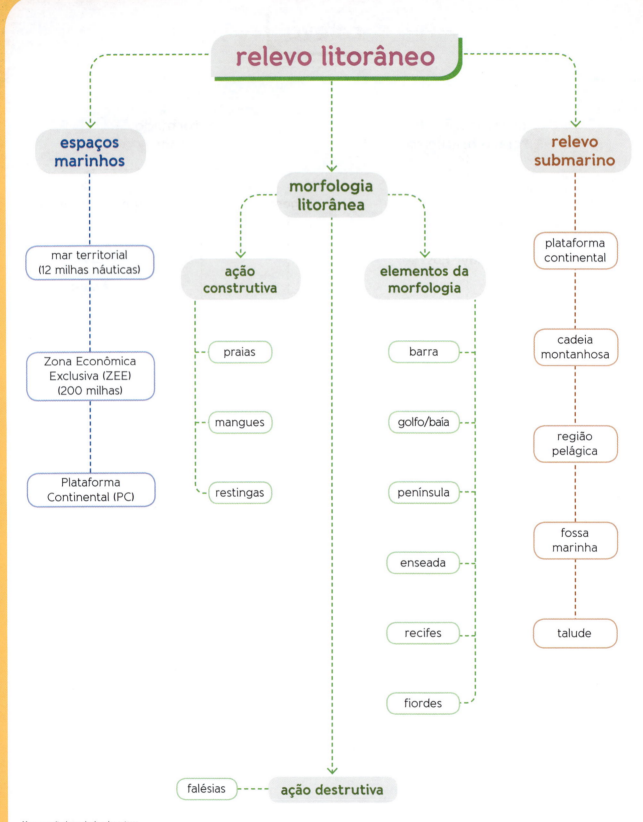

Mapa conceitual organizado pelos autores com o *software* Cmap Tools, desevolvido pelo IHMC. INSTITUTE for Human and Machine Cognition (IHMC) *Cmap Tools.* Florida (Estados Unidos), 2013. Disponível em: <http://ftp.ihmc.us>. Acesso em: 29 jan. 2014.

Exercícios

Testes

1. (Unesp-SP)

   O Brasil tem encontro marcado com a tragédia todos os anos na estação chuvosa e não há força terrestre que faça com que as autoridades e as pessoas se preparem para isso. Neste ano, o encontro foi na antes paradisíaca região serrana do Rio de Janeiro. Todos os anos, a natureza demonstra com fúria que as conquistas da civilização em muitas áreas são plantinhas frágeis que podem ser arrancadas pelas enchentes e pelos deslizamentos das encostas.

   Adaptado de: *Veja*, 19.01.2011.

   O texto relaciona-se ao problema da destruição da paisagem no Sudeste, frequente em regiões com domínio de
   a) mar de morros.
   b) cuestas carbonáticas.
   c) *inselbergs* semiáridos.
   d) chapadas cristalinas.
   e) coxilhas subtropicais.

2. (Udesc) Sobre o litoral brasileiro, pode-se afirmar:

   I. A Lagoa Rodrigo de Freitas, no Rio de Janeiro, é uma lagoa costeira formada por uma restinga.

   II. Enseada é uma praia com aspecto côncavo.

   III. A região pelágica é o relevo submarino propriamente dito, onde se encontram depressões e montanhas tectônicas vulcânicas.

   IV. Recife é uma barreira de origem biológica ou arenosa próxima à praia, diminuindo ou mesmo bloqueando a ação das ondas.

   V. Barra é uma saída para o mar aberto.

   Assinale a alternativa correta.
   a) Somente as afirmativas III, IV e V são verdadeiras.
   b) Somente as afirmativas I e II são verdadeiras.
   c) Somente as afirmativas I e III são verdadeiras.
   d) Somente as afirmativas II, IV e V são verdadeiras.
   e) Todas as afirmativas são verdadeiras.

3. (UFPE) Examine, com atenção, o corte geomorfológico de uma importante área do Brasil. Esse corte permite a observação da topografia, em suas grandes linhas, e da estrutura geológica subsuperficial. Analise o que se afirma sobre esse assunto.

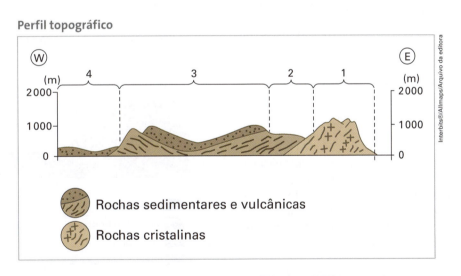

   ( ) Nessa região, em decorrência da localização sobre uma placa litosférica estável, não ocorreram fenômenos tectônicos que pudessem acarretar falhamentos.

   ( ) O compartimento 1 é denominado de "Planaltos e Serras do Leste-Sudeste"; essa área possui terrenos muito antigos e relevo de forte energia.

   ( ) O compartimento 2 se instalou numa área de contato entre terrenos cristalinos e terrenos sedimentares; trata-se de uma Depressão Periférica.

   ( ) Nessa região, sobretudo no compartimento de relevo 3, inexiste o fenômeno conhecido como erosão diferencial; ou seja, as rochas são semelhantes, e a erosão não é por elas influenciada.

   ( ) O compartimento 4 é uma das maiores planícies do país; trata-se da Planície do Pantanal mato-grossense, de natureza eminentemente fluvial e com grande potencialidade para o turismo geocientífico e ecológico.

Estruturas e formas do relevo **41**

4. (Fuvest-SP) Esta foto ilustra uma das formas do relevo brasileiro, que são as chapadas.

É correto afirmar que essa forma de relevo está
a) distribuída pelas regiões Norte e Centro-Oeste, em terrenos cristalinos, geralmente moldados pela ação do vento.
b) localizada no litoral da região Sul e decorre, em geral, da ação destrutiva da água do mar sobre rochas sedimentares.
c) concentrada no interior das regiões Sul e Sudeste e formou-se, na maior parte dos casos, a partir do intemperismo de rochas cristalinas.
d) restrita a trechos do litoral Norte-Nordeste, sendo resultante, sobretudo, da ação modeladora da chuva, em terrenos cristalinos.
e) presente nas regiões Centro-Oeste e Nordeste, tendo sua formação associada, principalmente, a processos erosivos em planaltos sedimentares.

5. (Udesc) São agentes internos de transformação de relevo:
a) vulcanismo e abalos sísmicos.
b) tectonismo e correntes marítimas.
c) erosão e vulcanismo.
d) intemperismo e abalos sísmicos.
e) o homem e vulcanismo.

6. (UFRN) O Rio Grande do Norte apresenta um elevado potencial turístico, principalmente em decorrência das belezas de sua paisagem litorânea, destacando-se algumas formas do relevo cuja configuração está associada a processos erosivos desencadeados pela ação de diferentes agentes.
Observe a figura a seguir.

Disponível em: <www.viagem.uol.com.br/ultnot/2011/08/29/nisia-floresta-tem-historia-gastronomia-e-beleza-naturais.jhtm>. Acesso em: 29 ago. 2011.

Considerando os elementos da paisagem litorânea expostos na figura, pode-se afirmar que esta corresponde a uma
a) falésia, constituída pela deposição de areia paralelamente à costa, em decorrência da erosão eólica.
b) restinga, formada pela consolidação da areia de antigas praias, em decorrência da erosão marinha.
c) falésia, formada a partir de processos de erosão marinha, que originam paredões escarpados.
d) restinga, constituída a partir de processos de erosão eólica, que formam costas íngremes.

Questões

7. (UFC-CE) O relevo tem sua gênese a partir da ação de agentes internos e de agentes externos. Os primeiros atuam no interior da Terra por meio da movimentação da crosta terrestre e por meio da formação das rochas, enquanto os segundos atuam na superfície modificando as suas formas. A partir do tema, responda o que se pede a seguir.
a) Cite um agente interno da formação do relevo.
b) Cite dois agentes externos da formação do relevo.
c) Identifique o agente externo responsável pela formação de um vale.
d) Identifique o principal elemento do clima responsável pelos processos intempéricos químicos sobre as rochas.

8. (Unicamp-SP) Observe, na figura a seguir, o perfil esquemático da costa brasileira e responda às questões:

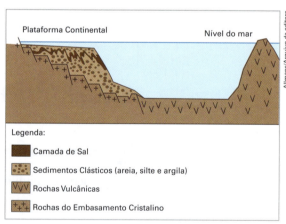

Adaptado de: <http://www.ibp.org.br>.

a) Em termos de composição rochosa, como se diferencia uma ilha situada na plataforma continental de uma ilha oceânica?
b) Recentemente significativas reservas de petróleo foram encontradas na plataforma continental brasileira, na denominada Bacia de Santos. Esse petróleo foi formado, em parte, em ambiente de águas doces e existem reservatórios muito similares na África. Explique esses fatos.

SOLOS

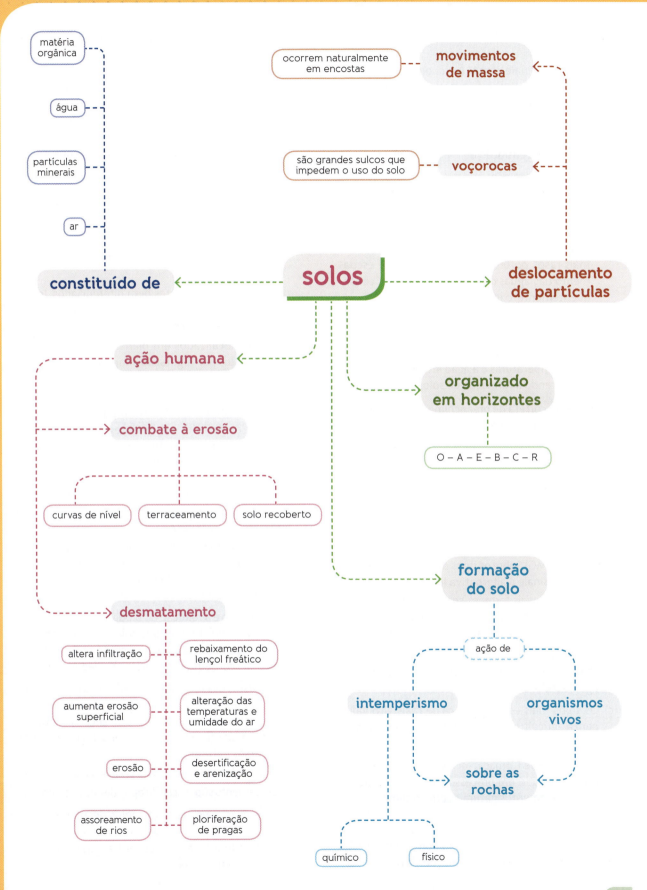

43

Exercícios

Testes

1. (UFRGS-RS) Assinale com V (verdadeiro) ou F (falso) as afirmações abaixo, referentes à constituição e à formação dos solos.
   ( ) O horizonte A de um perfil de solo é a camada mineral mais próxima à superfície e caracteriza-se pela concentração de matéria orgânica.
   ( ) Os solos das regiões áridas e semiáridas, quando comparados aos solos das regiões úmidas, comumente apresentam grandes quantidades de argila e de matéria orgânica.
   ( ) Nas áreas de declividade acentuada, os solos são mais rasos porque a alta velocidade de escoamento das águas diminui a infiltração e, consequentemente, o intemperismo.
   ( ) A acidificação dos solos é um processo que ocorre naturalmente na biosfera, porém os solos das regiões tropicais são submetidos o ano inteiro a altas temperaturas e à ação intensa das chuvas, favorecendo a formação de solos mais ácidos.

   A sequência correta de preenchimento dos parênteses, de cima para baixo, é
   a) F – V – F – V.
   b) V – F – V – V.
   c) F – F – V – V.
   d) F – V – V – F.
   e) V – F – F – F.

2. (Unimontes-MG) Sobre os tipos de solos e suas características, assinale a alternativa **incorreta**.
   a) Os solos aluviais formam-se por acúmulo de sedimentos e partículas, transportados a grandes distâncias pela força das águas e dos ventos.
   b) O solo muito arenoso apresenta alto teor de matéria orgânica e grande capacidade de retenção de água, sendo, assim, muito fértil.
   c) Os solos mais escuros são os de mais alto valor para a agricultura, pois apresentam grande quantidade de matéria orgânica.
   d) O processo de formação do solo, a partir de uma rocha matriz, é um processo lento e depende da ação de elementos naturais como o clima.

3. (UFG-GO) A expansão da fronteira agropecuária sobre a Amazônia pode ser considerada preocupante não apenas por causa da consequente perda de biodiversidade, mas também pela própria sustentabilidade dessas atividades econômicas inseridas no bioma amazônico. Tal fato deve-se às características fisiográficas da região que, modificadas, podem resultar em degradação ambiental. Nesse bioma, essas características estão associadas ao predomínio de solos
   a) hidromórficos, ricos em nutrientes, localizados em reentrâncias litorâneas, em desembocaduras de rios, recobertos por vegetação adaptada à alta salinidade.
   b) rasos, resultantes de lixiviação incipiente, localizados em depressões interplanálticas, recobertos por vegetação adaptada à aridez.
   c) salinos, localizados em linhas costeiras, recobertos por vegetação halófita adaptada às condições edáficas.
   d) ácidos, com horizontes bem diferenciados, localizados em terras baixas, recobertos por vegetação adaptada às condições de alta umidade.
   e) férteis, localizados em planaltos, originalmente recobertos por vegetação adaptada a temperaturas amenas.

4. (Unioeste-PR) A redução dos impactos ambientais depende de decisões e ações integradas da sociedade. O solo é um recurso fundamental para a prática das atividades humanas. Porém, o avanço do desmatamento desordenado, das áreas agrícolas e da pecuária extensiva causa sérios impactos sobre esse recurso. Considerando essa afirmação, assinale a alternativa INCORRETA.
   a) O desmatamento e as queimadas contribuem para a perda da camada superficial do solo, ocasionando a redução da fertilidade natural e o aumento do estoque de carbono no solo.
   b) A extinção e a redução da biodiversidade, a erosão e o empobrecimento dos solos, o assoreamento do leito dos rios e o rebaixamento do lençol freático são consequências diretas do desmatamento.
   c) Os custos das medidas mitigadoras para os impactos ambientais, como a erosão e a contaminação dos solos, são elevados e a prevenção constitui o meio mais eficaz para combater a degradação dos recursos naturais.
   d) O plantio em curvas de nível reduz a velocidade do escoamento superficial da água da chuva e a erosão.
   e) Os países mais atingidos pelos desmatamentos estão localizados na faixa intertropical do globo, como o Brasil, onde se encontra a maior concentração de florestas.

5. (Uespi) A fotografia a seguir mostra um fenômeno que acarreta sérios danos ambientais, sobretudo às atividades agrícolas. Assinale-o.

a) Erosão areolar.
b) Erosão eólica em áreas de desertificação.
c) Vales eólicos acelerados.
d) Zonas de laterização.
e) Voçorocamento.

Questão

6. (UERJ) A erosão de solos causa prejuízos econômicos e sociais em várias partes do Brasil e do mundo. Seu controle é um desafio que se impõe de forma crescente, principalmente em países pobres.
Observe a ilustração abaixo, que indica a intensidade da erosão anual do solo em diferentes áreas:

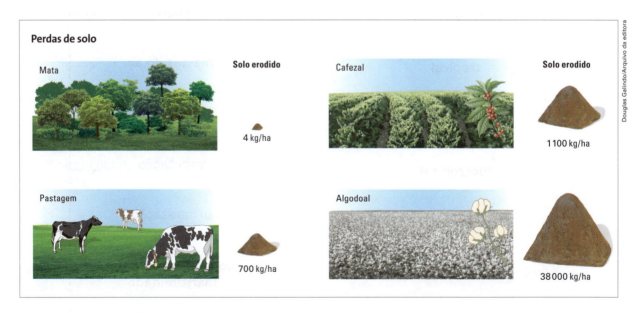

a) Explique por que a Área 1 apresenta menores perdas de solo em função da erosão.

b) No contexto das práticas agrícolas, cite duas técnicas de plantio que diminuem a ação erosiva nos solos.

Solos **45**

CLIMAS

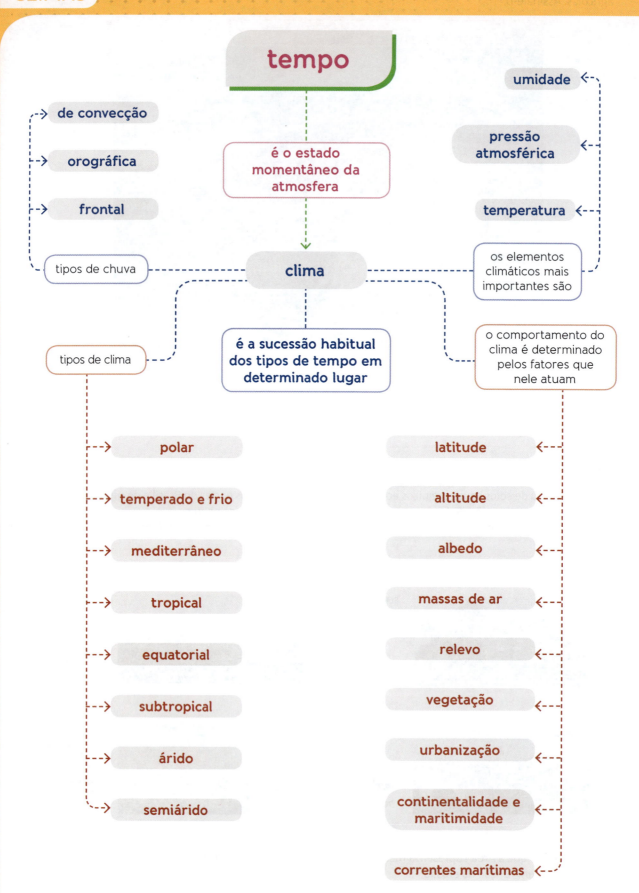

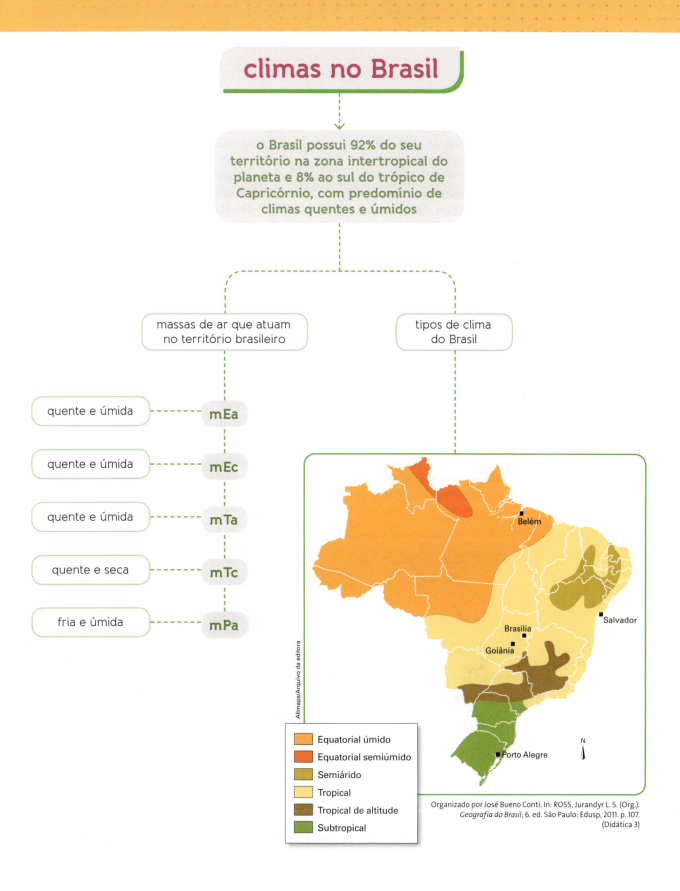

Exercícios

Testes

1. (UFPR) O estudo dos climas compõe um importante capítulo da ciência, e seu conhecimento é de suma importância para a organização e desenvolvimento das sociedades humanas. Os climas da Terra expressam, devido às suas diferenças, aspectos geográficos particulares. Nesse sentido, é correto afirmar:

   a) Os elementos do clima (temperatura, umidade e pressão atmosférica) apresentam diferenciações espaciais devido à influência dos fatores geográficos (latitude, longitude, altitude e maritimidade).

   b) Os climas da Terra são definidos tanto por fatores astronômicos quanto por fatores estáticos, como as mudanças climáticas globais, dentro das quais sobressaem-se eventos catastróficos, como os *tsunamis*.

   c) A circulação atmosférica da Terra é definida pela atuação das massas de ar, cuja dinâmica é controlada pela atuação do El Niño e do La Niña, eventos que resultam, respectivamente, do menor e do maior fluxo de calor nas águas do oceano Pacífico.

   d) A diferenciação geográfica dos climas da Terra decorre da interação entre os elementos e fatores geográficos do clima, tanto estáticos quanto dinâmicos. As mudanças climáticas globais indicam alterações nos climas do planeta, em escala secular (temporal) e global (geográfica), embora seja no âmbito das áreas urbano-industriais que os efeitos das atividades humanas sobre o clima sejam mais perceptíveis.

   e) Os climas do Brasil apresentam, em sua totalidade, aspectos flagrantes de tropicalidade, expressos nas elevadas amplitudes térmicas diárias e sazonais, notadamente na porção mais ao norte do país. Nessa região – Domínio Amazônico –, na qual são registrados os mais fortes contrastes térmicos e pluviométricos do território nacional, a exuberância da floresta e o expressivo caudal dos rios atestam essa característica climática.

2. (Unesp-SP)

   O dia 25 de abril é considerado o Dia Mundial de Combate à Malária. Neste ano, a ONU fez um apelo para que a doença, uma das mais antigas a atingir a humanidade, seja erradicada até 2015. Em todo o mundo, cerca de 800 mil pessoas morrem por ano em decorrência da doença, em especial na África. No Brasil, a partir do início da década de 1990, a malária se estabilizou em cerca de 500 mil casos por ano – a maciça maioria na Amazônia Legal –, experimentando uma queda para pouco mais de 300 mil em 2008 e 2009.

   Adaptado de: Giovana Girardi. *Unespciência*, ano 2, n. 20, junho de 2011.

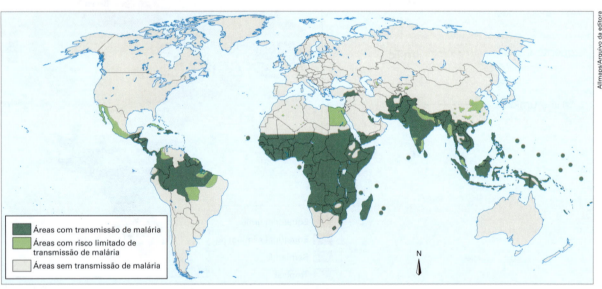

Adaptado de: <www.medicinanet.com.br>. Acesso em: 29 jul. 2014.

A partir da leitura do texto e da observação do mapa, pode-se afirmar que a maior incidência de casos de malária ocorre em regiões com o domínio do clima

a) desértico.
b) mediterrâneo.
c) subtropical.
d) temperado.
e) equatorial.

3. (UFRN) As correntes marítimas são extensas porções de água que se deslocam pelo oceano, quase sempre nas mesmas direções, movimentadas pela ação dos ventos e pela rotação da Terra, causando forte influência no clima. Observe o mapa a seguir:

Correntes marítimas

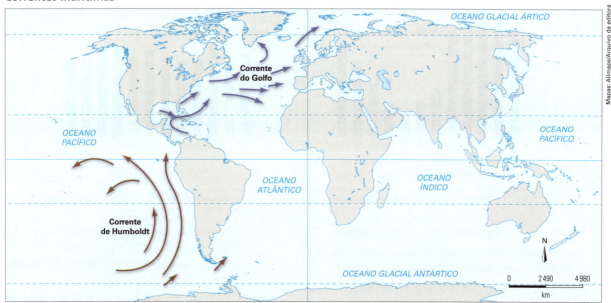

Adaptado de: <www.noticias.r7.com>. Acesso em: 29 jul. 2014.

Considerando as correntes representadas no mapa e a sua influência nas condições climáticas de determinadas áreas, constata-se que

a) a corrente do Golfo, por ser quente, ameniza os rigores climáticos do inverno na porção ocidental da Europa.

b) a corrente do Golfo, por ser fria, contribui para as baixas temperaturas da região Ártica.

c) a corrente de Humboldt, por ser quente, é responsável pelas elevadas temperaturas do Deserto do Atacama, no Chile.

d) A corrente de Humboldt, por ser fria, é responsável pela ocorrência do fenômeno climático conhecido como friagem, na região amazônica.

4. (Unicamp-SP) O esquema abaixo representa a entrada de uma frente fria, uma condição atmosférica muito comum, especialmente nas regiões Sul e Sudeste do Brasil. Sobre esta condição é correto afirmar que:

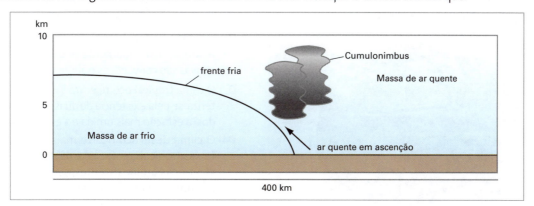

a) É típica de inverno, quando massas frias atravessam essas regiões, provocando inicialmente uma precipitação e, na sequência, queda da temperatura e tempo mais seco.

b) Trata-se da chegada de uma massa quente, que ocorre tanto no verão quanto no inverno, provocando intensas chuvas, sendo comuns a ocorrência de tempestades e o aumento significativo na temperatura.

c) O contato entre as massas de ar indica fortes chuvas, de tipo orográficas, que permanecem estacionadas num mesmo ponto durante vários dias.

d) As precipitações de tipo convectivas ocorrem especialmente nos meses de verão, sendo comum a ocorrência de chuvas de granizo no final da tarde.

Climas 49

5. (UFSM-RS) Observe as figuras:

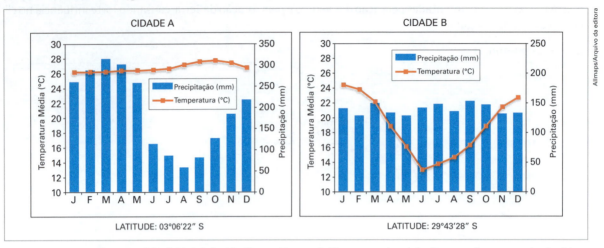

Climogramas do Brasil. Adaptado de: <http://www.not1.xpg.com.br/clima-e-massas-de-ar-do-brasil-mapas-e-climogramas-regioes-brasileiras>.
Acesso em: 23 jul. 2012.

A partir dos climogramas, é correto afirmar que

I. o clima da cidade A pode ser descrito como Equatorial, com predomínio de chuvas convectivas.

II. as principais variações climáticas entre os meses e as estações do ano na cidade B estão ligadas à temperatura, enquanto, na cidade A, estão ligadas às chuvas.

III. a cidade B está localizada em latitudes extratropicais, o que explica a regularidade das chuvas ao longo dos meses do ano.

Está(ão) correta(s)

a) apenas I.
b) apenas II.
c) apenas I e III.
d) apenas II e III.
e) I, II e III.

6. (UPE) A imagem de satélite a seguir mostra uma parte considerável do planeta Terra e alguns aspectos relacionados à dinâmica atmosférica. Observe-a atentamente.

Com relação à área delimitada e indicada pelo número 1, o que é CORRETO afirmar?

a) É uma região geográfica constantemente submetida a ventos periódicos, denominados monções de verão que provocam considerável redução hídrica local.

b) As frentes frias boreais, avançando para o sul, provocam, na região, fortes aguaceiros de caráter convectivo e que duram apenas três meses, reconstituindo os biomas locais.

c) Essa região encontra-se submetida, frequentemente, à ação de um vasto centro anticiclônico, responsável pelo clima que domina na área.

d) A ação sazonal de intensos centros ciclônicos na região, especialmente no inverno boreal, produz a instalação de um ambiente climático caracterizado pelo permanente *deficit* hídrico.

e) É uma região geográfica absolutamente desértica, cujas condições climáticas foram determinadas pelas milenares ações antrópicas sobre os solos, gerando os processos de desertificação.

7. (UEPG-PR) Sobre os diversos climas do planeta e suas características pluviométricas, assinale o que for correto.

01) O clima equatorial aparece na faixa do equador terrestre, aproximadamente entre 5°N e 5°S, e suas chuvas são convectivas e abundantes o ano todo.

02) O clima tropical ocorre entre 5° e 30°N e S e caracteriza-se pela existência de duas estações ou períodos: a estação mais úmida e a estação seca.

04) O clima desértico ocorre mais comumente em faixas tropicais, entre 15° e 45° N e S, e as chuvas são fracas ou inexistentes, sendo normalmente inferiores a 150 mm por ano.

08) O clima mediterrâneo ocorre na bacia do Mediterrâneo, na Califórnia, centro do Chile, sul da África do Sul e sul da Austrália, e as chuvas ocorrem nos meses de outono e inverno e têm origem frontal, isto é, associadas à passagem de frentes.

16) O clima polar está presente nas latitudes mais elevadas, tanto ao norte quanto ao sul do planeta, e as chuvas são inexistentes sendo que as precipitações ocorrem sob a forma de neve.

8. (UFRN) Nas cidades de Maceió, Salvador e Recife, principalmente no mês de julho, é comum a ocorrência de chuvas que provocam grandes enchentes. São as chamadas "chuvas de inverno", que atingem o litoral oriental do Nordeste.
Levando-se em consideração a dinâmica das massas de ar no Brasil, pode-se afirmar que essas chuvas são provocadas pelo encontro da
a) massa Polar atlântica (mPa), fria e úmida, com a massa Tropical atlântica (mTa), quente e úmida.
b) massa Equatorial continental (mEc), quente e seca, com a massa Tropical atlântica (mTa), quente e úmida.
c) massa Equatorial continental (mEc), quente e úmida, com a massa Tropical continental (mTc), quente e seca.
d) massa Polar atlântica (mPa), fria e úmida, com a massa Tropical continental (mTc), quente e úmida.

9. (UFPE)
O Nordeste brasileiro está situado na região intertropical, em latitudes inferiores a 20°S, possuindo assim condições climáticas típicas de regiões tropicais e equatoriais.
Manuel Correia de Andrade.

Essa afirmação do conhecido geógrafo pernambucano nos permite concluir que:
( ) o clima semiárido, dominante em grande parte do sertão nordestino, reflete-se na paisagem interiorana, sobretudo sobre as caatingas perenifólias arbustivas.
( ) no sul da Bahia, as chuvas são bem distribuídas durante o ano, e os valores médios anuais são elevados; nessa parte do Nordeste, as condições climáticas assemelham-se às da região norte do país.
( ) a faixa norte da Região Nordeste tem um regime de chuvas de inverno, pois nessa estação a massa de ar Equatorial Continental (EC) sofre a sua dilatação máxima, determinando pesados aguaceiros convectivos.
( ) nos Estados do Maranhão e do Piauí, predomina um clima que, segundo a classificação climática de Köppen, é considerado do tipo Aw'; o regime de chuvas dessa área é determinado pela Zona de Convergência Intertropical.
( ) a Zona da Mata nordestina, sobretudo aquela entre Sergipe e Paraíba, não tem estação seca; os elevados índices pluviométricos anuais (800mm/ano) contribuíram bastante para a instalação da cultura canavieira, responsável pelo início do povoamento regional.

10. (Udesc) A região sul do Brasil difere das demais regiões brasileiras no que diz respeito ao clima. Nesta região o clima é controlado por massas de ar tropicais e polares, e nas demais regiões do país os climas são controlados por massas de ar equatoriais e tropicais. Analise as proposições sobre o clima da região sul:
I. Predomina a Massa Tropical Atlântica, que provoca chuvas abundantes, principalmente no verão.
II. No inverno é frequente a penetração da frente polar, que dá origem a chuvas frontais – precipitações devidas ao encontro da massa quente com a fria, ocorrendo a condensação do vapor de água atmosférico.
III. O índice médio anual de pluviosidade é alto, e as chuvas são bem distribuídas durante o ano, inexistindo uma estação seca.
IV. É um clima que pode ser classificado como mesotérmico, isto é, de médias temperaturas.
V. A amplitude térmica anual é elevada, a maior dos climas brasileiros.

Assinale a alternativa correta.
a) Somente as afirmativas III, IV e V são verdadeiras.
b) Somente as afirmativas I e II são verdadeiras.
c) Somente as afirmativas I e III são verdadeiras.
d) Somente as afirmativas II, IV e V são verdadeiras.
e) Todas as afirmativas são verdadeiras.

11. (Unimontes-MG) Observe a figura.

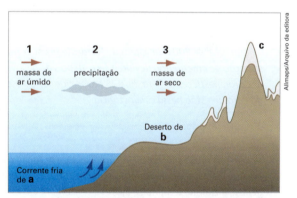

Adaptado de: MOREIRA, J. C. e SENE, E. de. *Geografia*. Volume Único. São Paulo: Scipione, 2008.

Da análise da figura acima, retratando a influência de uma corrente marítima que atua no Pacífico Sul, na costa da América do Sul, é possível inferir que as letras a, b e c correspondem, respectivamente, a
a) Agulhas, Calaari e Atlas.
b) Benguela, Patagônia e Apalaches.
c) Humboldt, Atacama e Andes.
d) Califórnia, Grande Bacia e Alpes.

12. (UEPG-PR) Alguns fatores geográficos influenciam nas condições climáticas de um determinado lugar ou região. Com relação ao assunto, assinale o que for correto.
01) A longitude é um fator preponderante na influência das condições climáticas ao redor do globo, principalmente na temperatura, muito mais do que a latitude.

02) A maritimidade e a continentalidade influenciam na amplitude térmica, sendo ela maior quanto mais afastado do mar esteja um determinado lugar, à mesma latitude de outro mais próximo do mar. O oceano funciona como um regulador térmico.

04) A cobertura vegetal e a urbanização são fatores que influenciam na temperatura do ar atmosférico e em outros elementos climáticos, o que se confirma quando se compara a temperatura de regiões de florestas e de desertos à mesma latitude, ou na ocorrência do fenômeno das ilhas de calor nas áreas urbanas.

08) A altitude e a latitude influenciam na temperatura do ar atmosférico, sendo que os locais de maior altitude e de maior latitude apresentam temperaturas mais elevadas em relação aos de menor altitude e de menor latitude.

16) As correntes marítimas quentes e frias influenciam nas condições de temperatura e umidade de determinados lugares ou regiões.

13. (UFRN) Os fragmentos textuais a seguir apresentam informações sobre fenômenos climáticos contrastantes, que ocorrem num mesmo período, em diferentes regiões do Brasil.

   Um total de 800 municípios do Nordeste se encontra em situação de emergência devido à seca, depois de o Governo declarar, nesta sexta-feira, que 25 novas cidades do estado da Paraíba estão nessa circunstância.

   Disponível em: <http://noticias.r7.com/internacional/noticias/seca-no-nordeste-deixa-800-municipios-em-situacao-de-emergencia-20120601.html>. Acesso em: 29 jul. 2014.

   No Amazonas, mais de 80 mil famílias sofrem com a cheia dos rios, 50 municípios permanecem em situação de emergência, incluindo a capital, e outros 3 continuam em estado de calamidade. Em Manaus, o rio Negro continua subindo, mas apenas um centímetro por dia. Ontem, a cota foi de 29,97 metros.

   Disponível em:<http://www.dgabc.com.br/News/5960490/cheia-no-amazonas-afeta-mais-de-80-mil-familias.aspx>. Acesso em: 29 jul. 2014.

   Entre outros fatores, a ocorrência dos fenômenos climáticos está associada

   a) à posição do Sertão do Nordeste como uma área de convergência de massas de ar e à atuação da massa Tropical Atlântica na Amazônia.
   b) à predominância do relevo de planície no Sertão do Nordeste e à localização em zona de alta latitude na Amazônia.
   c) à perda de umidade das massas de ar que circulam sobre o Sertão do Nordeste e à atuação da massa Equatorial Continental na Amazônia.
   d) à posição do Sertão do Nordeste como área de dispersão de massas de ar e à localização da Amazônia em zona de baixa latitude.

14. (UFPA) Os gráficos apresentados foram elaborados pelo Instituto Nacional de Meteorologia (INMET) e representam as diferentes situações climáticas em duas capitais brasileiras, Belém (PA) e Teresina (PI).

   Instituto Nacional de Meteorologia (INMET) – Gráficos das normais climatológicas

   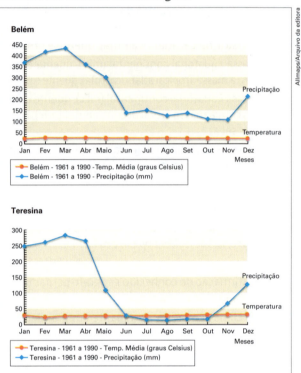

   Considerando o conhecimento acerca desse assunto e interpretando as informações apresentadas, indique qual das alternativas corresponde à análise correta sobre os gráficos.

   a) As cidades de Belém e Teresina encontram-se em mesma longitude, portanto não apresentam diferenças significativas nos valores de temperatura durante o ano.
   b) Mesmo localizadas na zona intertropical, as duas cidades analisadas apresentam comportamento diferenciado quanto ao regime das chuvas, uma vez que a estação climática do inverno de Teresina é mais seca que a de Belém.
   c) A altitude é um fator determinante nos valores de precipitação; isso explica a redução da quantidade de chuvas entre os meses de junho a outubro nas duas cidades analisadas, localizadas na região costeira do país.
   d) Constata-se no gráfico que a amplitude térmica anual para Belém e Teresina é grande em virtude da proximidade ao equador.
   e) Na estação climática do verão, tanto para Belém como para Teresina, observam-se temperaturas mais elevadas e baixo nível de precipitação.

OS FENÔMENOS CLIMÁTICOS E A INTERFERÊNCIA HUMANA

interferências humanas no clima X **fenômenos naturais**

- a **poluição atmosférica** resulta da emissão de gases, como as provocadas por usinas térmicas, automóveis e queimadas, entre outros exemplos

- o **efeito estufa** é um fenômeno natural que pode estar sendo intensificado pela emissão de poluentes, provocando o aquecimento global

- a **redução da camada de ozônio** resulta principalmente da emissão de CFC

- quando as **ilhas de calor** se formam nas grandes cidades, a temperatura das regiões mais adensadas fica maior que a das periferias e há grande concentração de poluentes

- as **chuvas ácidas** contêm ácidos sulfúrico, nítrico e nitroso, que provocam corrosão nos metais, deterioram monumentos históricos, a vegetação, as plantações e contaminam os solos

- a **inversão térmica** só se torna um problema quando provoca concentração de poluentes nos grandes centros urbanos

- o **fenômeno El Niño** resulta do aquecimento anormal das águas do oceano Pacífico nas proximidades do equador e altera as condições climáticas em escala planetária

principais acordos internacionais para a discussão das interferências humanas

- o **Protocolo de Kyoto** levou os países signatários a promover reduções na emissão de gases estufa

- o **Protocolo de Montreal** (1987) é um tratado em que os países se comprometeram a substituir o uso de gases que agridem a camada de ozônio por outros

- as **Conferências das Partes (COP)** são reuniões anuais comandadas pela Organização das Nações Unidas (ONU), em que se discutem ações práticas para execução de algum acordo internacional – as partes são os países signatários do Acordo

Exercícios

Testes

1. (Aman-RJ) Sobre os principais efeitos do fenômeno "El Niño" nas diferentes regiões do Brasil, pode-se afirmar que
   a) na Região Sul, o volume de chuva se reduz significativamente, sobretudo no fim do outono e começo do inverno.
   b) prejudica a pecuária e compromete o abastecimento de água no Sertão, podendo atingir também o Agreste e a Zona da Mata Nordestina.
   c) provoca grandes inundações na porção leste da Amazônia, prejudicando a atividade agrícola na região.
   d) traz mais benefícios do que prejuízos à agricultura no Sul do País, uma vez que interrompe os longos períodos de estiagem característicos do clima subtropical litorâneo.
   e) ao contrário do "La Niña", intensifica o volume de chuvas e aumenta a temperatura média em todas as regiões do País.

2. (PUC-RJ)

Disponível em: <www.politicalcartoons.com>.
Acesso em: 7 ago. 2014.

Um problema ambiental e seu efeito sobre a Terra, diretamente relacionados à charge, estão corretamente apresentados na opção:
   a) A destruição da camada de ozônio pelo despejo de resíduos de CFC nos mares, rios e lagos promove a contaminação das águas, a perda da biodiversidade e alterações na dinâmica das massas de ar.
   b) O acúmulo de enxofre e metano pela fertilização dos solos e a expansão das queimadas contaminam os lençóis freáticos, provocando a alteração do ecossistema de rios, lagos e mares e a destruição de florestas.
   c) A intensificação do efeito estufa, decorrente da queima de combustíveis fósseis pelas indústrias, resulta em efeitos sobre a dinâmica das chuvas e dos ventos, além de alterar os níveis dos oceanos e extinguir espécies.
   d) A formação de ilhas de calor, como decorrência do acúmulo de energia nas superfícies impermeabilizadas, reduz os efeitos da radiação solar sobre a superfície terrestre e aumenta gradativamente a umidade relativa do ar.
   e) O aumento no uso de produtos químicos destinados a melhorar a produtividade da agricultura resulta na contaminação do solo, poluição dos mananciais de água e alteração da cadeia alimentar de pragas e predadores.

3. (UEG-GO) A figura a seguir mostra a quantidade porcentual dos principais poluentes atmosféricos em áreas metropolitanas brasileiras.

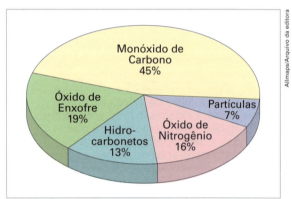

AMABIS, José Mariano; MARTHO, Gilberto Rodrigues. *Biologia das populações*: genética, evolução e ecologia. V. 3. São Paulo: Moderna, 1994. p. 465.

Sobre essa temática, é CORRETO afirmar:
   a) as principais fontes geradoras da poluição atmosférica por óxidos de enxofre e nitrogênio são as incinerações de lixo doméstico, as queimadas de florestas e a queima de combustíveis fósseis.
   b) o percentual maior de monóxido de carbono comparado aos demais poluentes justifica-se pelo maior número de fontes emissoras representadas por veículos motorizados e processos industriais.
   c) a presença de partículas suspensas no ar, mesmo que em percentual menor que os demais poluentes, podem causar diversas doenças pulmonares, tais como fibrose e enfisemas.
   d) a presença de hidrocarbonetos provenientes da queima industrial na atmosfera favorece a formação de chuvas ácidas, provocando a destruição de complexos vegetacionais.

4. (Unesp-SP) O efeito estufa é um fenômeno natural e consiste na retenção de calor irradiado pela superfície terrestre, pelas partículas de gases e água em suspensão na atmosfera que garante a manutenção do equilíbrio térmico do planeta e da vida. O efeito estufa, de que tanto se fala ultimamente, resulta de um desequilíbrio na composição atmosférica, provocado pela crescente elevação da concentração de certos gases que têm a capacidade de absorver calor.
Qual das ações a seguir seria mais viável para minimizar o efeito acelerado do aquecimento global provocado pelas atividades do homem moderno?
   a) Redução dos investimentos no uso de tecnologias voltada para a captura e sequestro de carbono.
   b) Aumento da produção de energia derivada de fontes alternativas, como o xisto pirobetuminoso e os microrganismos manipulados geneticamente.
   c) Reduzir o crescimento populacional e aumentar a construção de usinas termelétricas.
   d) Reflorestamento maciço em áreas devastadas e o consumo de produtos que não contenham CFCs (clorofluorcarbonetos).
   e) Criação do Mecanismo de Desenvolvimento Limpo (MDL) pelo Brasil e do Painel Intergovernamental sobre Mudança Climática (IPCC) pelos EUA.

5. (UEPG-PR) Sobre problemas ambientais do planeta, assinale o que for correto.
   01) O efeito estufa, em condições normais, mantém o planeta aquecido, mas o excesso dos gases responsáveis pelo aquecimento global, a exemplo do dióxido de carbono lançado na atmosfera terrestre, tem aprisionado uma quantidade cada vez maior de calor junto à superfície da Terra.
   02) O dióxido de carbono (CO_2) responsável pelo maior percentual do efeito estufa do planeta, é originado pela queima de combustíveis fósseis (petróleo, carvão mineral, gás natural) e pela destruição das matas, ocorrendo liberação desse gás nas queimadas.
   04) O Brasil ainda não apresenta problemas relacionados à chuva ácida, que é provocada por emissões de usinas termoelétricas a carvão e por motores de veículos, uma vez que as usinas geradoras brasileiras são apenas hidroelétricas e a sua frota de veículos ainda é insignificante.
   08) Além do dióxido de carbono (CO_2) outros gases provocam o efeito estufa, a exemplo dos clorofluorcarbonos (CFCs), metano, óxido de nitrogênio e ozônio.
   16) A chuva ácida ocorre quando o dióxido de enxofre e os óxidos de nitrogênio são lançados na atmosfera pelas usinas termoelétricas movidas a carvão e pelos motores de veículos e, em reação química na atmosfera, voltam na forma de chuva ou neve corrosivas, com alta concentração de ácidos, que destroem a fauna e a flora nos rios, atingem florestas e causam até corrosão em prédios e monumentos.

6. (UEPB) Segundo o geógrafo Aziz Ab'Saber, o aquecimento global não causará o desaparecimento das florestas tropicais, mas, ao contrário, a tendência é que elas cresçam. Tal afirmativa se baseia no fato de que
   a) o clima ficará mais seco, a exemplo do que ocorreu nos períodos glaciais, o que contribuirá para a ampliação das savanas, que são um tipo de vegetação tropical típica de clima com estação seca bem definida, ou seja, uma vegetação tropófila.
   b) o aquecimento global contribuirá para o aumento da umidade atmosférica que favorece a intensificação dos índices pluviométricos e consequente ampliação das matas ombrófilas (ou pluviais) tais como as florestas Amazônica e Atlântica.
   c) o aumento de carbono na atmosfera será absorvido pelas plantas na forma de dióxido de carbono, que é um dos causadores do efeito estufa, mas também o composto essencial para realização da fotossíntese e da formação das florestas.
   d) a consciência ecológica diante da catástrofe iminente e na busca desesperada para salvar o planeta contribuirá para a preservação das florestas que restaram e mais reflorestamentos serão incentivados, ampliando, assim, as florestas tropicais.
   e) o processo de desertificação fará com que a Floresta Amazônica e a Mata Atlântica cedam lugar à vegetação xerófila, mais adaptada à escassez hídrica dos climas tropicais semiáridos.

7. (UFMG) Analise este fluxograma:

Queimadas na Floresta Amazônica

CAPOBIANCO, João Ribeiro (Coord.). *Biodiversidade na Amazônia Brasileira*: Avaliação e ações prioritárias para conservação, uso sustentável e repartição de benefícios. São Paulo: Estação Liberdade, Instituto Socioambiental, 2001. p. 181.

A partir da análise desse fluxograma e considerando-se outros conhecimentos sobre o assunto, é **INCORRETO** afirmar que

a) a inflamabilidade da floresta decorre de ações humanas associadas, direta ou indiretamente, a causas naturais.

b) a redução da cobertura florestal, ao comprometer a evapotranspiração, pode, a longo prazo, acarretar redução das chuvas.

c) o aumento do número e da intensidade das queimadas na Amazônia pode tornar-se, num ciclo vicioso, um processo de retroalimentação.

d) o fenômeno *El Niño* tem relação direta, mas favorável, com a redução das queimadas na Amazônia brasileira.

Questões

8. (Unicamp-SP)

As alterações do clima vêm sendo debatidas pelo Painel Intergovernamental sobre Mudanças Climáticas (IPCC), órgão das Nações Unidas. Segundo o IPCC, até 2100 a temperatura da Terra poderá subir entre 1,8°C e 5°C.

Adaptado de: <http://hdr.undp.org/en/media/HDR-20072008-PT-complete.pdf>. Acesso em: 02 out. 2012.

Considerando o texto acima, responda:

a) Quais seriam as consequências do possível aumento da temperatura da Terra?

b) Cite duas metas definidas pelo Protocolo de Kyoto para reduzir o possível aumento da temperatura no planeta.

9. (UERJ) Na figura abaixo, está representado um fenômeno comum em grandes aglomerações urbanas, como a cidade de Londres.

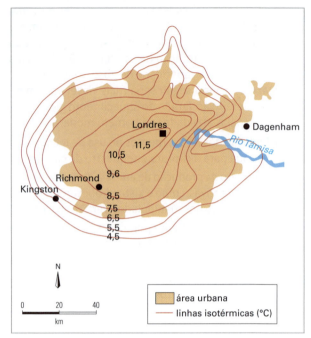

Adaptado de: SENE, E. de; MOREIRA, J. C. *Geografia para o ensino médio*. São Paulo: Scipione, 2008.

Explique a ocorrência do fenômeno representado na figura e cite duas ações do poder público sobre os espaços urbanos capazes de atenuar esse fenômeno.

10. (PUC-RJ) Observe as figuras A e B a seguir.

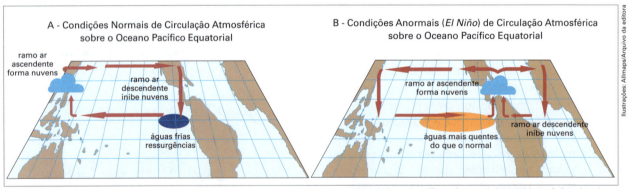

Disponível em: <http://www.funceme.br/DEMET/el_nino/Infotec/nino.htm>.

[...] O El Niño é um fenômeno oceânico caracterizado pelo aquecimento incomum das águas superficiais nas porções central e leste do Oceano Pacífico, nas proximidades da América do Sul, mais particularmente na costa do Peru [...]

Mendonça, F. e Danni-Oliveira, I. *Climatologia: noções básicas e climas do Brasil*. São Paulo: Oficina de Textos, 2007.

A partir das informações acima,

a) aponte dois efeitos climáticos do El Niño no Nordeste brasileiro;

b) indique uma possível consequência social para as populações do Sertão nordestino em anos de ocorrência do fenômeno em destaque.

HIDROGRAFIA

hidrografia

- a distribuição de água pela superfície dos continentes é muito desigual
- há regiões no planeta onde o índice anual de chuvas é quase zero e outras onde chove mais de 3 000 mm

lembrando que...

- **várzeas** são superfícies que inundam no período das cheias
- as **nascentes** surgem quando o nível freático atinge a superfície
- **aquíferos** são zonas saturadas de água no subsolo; o nível freático separa as zonas saturada e não saturada
- **regime** é a variação do nível das águas de um rio. Quando as cheias estão associadas às chuvas, o regime é pluvial; às geleiras, é glacial; e ao derretimento de neve, é nival
- **meandros** são as curvas que se formam em rios que correm em relevos planos
- os **divisores de água** delimitam as vertentes e as bacias hidrográficas
- existem rios perenes, temporários e efêmeros
- maior disponibilidade de água doce do planeta, mas a distribuição é desigual

hidrografia do Brasil

- a distribuição de água doce pela superfície dos continentes é muito desigual
- o rio Amazonas é abastecido por água das chuvas e pequena quantidade de neve proveniente da Cordilheira dos Andes (regime misto). Todos os outros rios brasileiros têm regime pluvial
- todos os rios brasileiros são exorreicos
- considerando os rios de maior porte, só no sertão nordestino existem rios temporários

principais bacias hidrográficas do Brasil

- a **bacia Amazônica** é a maior do planeta e drena 56% do território brasileiro. O rio Amazonas é o mais extenso do mundo e possui o maior volume de água
- a **bacia do Tocantins-Araguaia** drena 11% do país
- a **bacia Platina** drena 16% do território brasileiro. É a segunda maior do planeta e se subdivide nas bacias dos rios Paraná, Paraguai e Uruguai
- a **bacia do São Francisco** drena 7,5% do país e a **bacia do Parnaíba**, 3,9%

Exercícios

Testes

1. (UFG-GO) Leia o texto a seguir.

> [...]
> Pensei que seguindo o rio
> eu jamais me perderia:
> ele é o caminho mais certo,
> de todos o melhor guia.
> Mas como segui-lo agora
> que interrompeu a descida?
> Vejo que o Capibaribe,
> como os rios lá de cima,
> é tão pobre que nem sempre
> pode cumprir sua sina
> e no verão também corta,
> com pernas que não caminham.
> [...]
>
> Adaptado de: MELO NETO, João Cabral de. *Morte e Vida Severina.* Recife: Fundaj, Editora Massangana, 2009. p. 14.

No trecho do poema, o retirante faz alusão a uma característica comum a vários cursos d'água que drenam o sertão nordestino, que os diferencia em relação ao padrão mais comum no território brasileiro. Essa característica compreende a

a) velocidade do fluxo das águas nas terras altas.
b) perenidade do fluxo das águas durante todo o ano.
c) intermitência do fluxo das águas na estiagem.
d) exogenia do fluxo das águas em direção ao mar.
e) endogenia do fluxo das águas em direção ao interior.

2. (Fuvest-SP) Observe a imagem e leia o texto.

> Por muitos anos, as várzeas paulistanas foram uma espécie de quintal geral dos bairros encarapitados nas colinas. Serviram de pastos para os animais das antigas carroças que povoaram as ruas da cidade. Serviram de terreno baldio para o esporte dos humildes, tendo assistido a uma proliferação incrível de campos de futebol. Durante as cheias, tais campos improvisados ficam com o nível das águas até o meio das traves de gol.
>
> Aziz Ab'Saber, 1956.

Considere a imagem e a citação do geógrafo Aziz Ab'Saber na análise das afirmações abaixo:

I. O processo de verticalização e a impermeabilização dos solos nas proximidades das vias marginais ao rio Tietê aumentam a sua susceptibilidade a enchentes.

II. A retificação de um trecho urbano do rio Tietê e a construção de marginais sobre a várzea do rio potencializaram o problema das enchentes na região.

III. A extinção da Mata Atlântica na região da nascente do rio Tietê, no passado, contribui, até hoje, para agravar o problema com enchentes nas vias marginais.

IV. A várzea do rio Tietê é um ambiente susceptível à inundação, pois constitui espaço de ocupação natural do rio durante períodos de cheias.

Está correto o que se afirma em

a) I, II e III, apenas.
b) I, II e IV, apenas.
c) I, III e IV, apenas.
d) II, III e IV, apenas.
e) I, II, III e IV.

3. (UFRGS-RS) Considere as seguintes afirmações sobre rios e bacias hidrográficas brasileiras.

I. O rio Amazonas é considerado um rio de planície, navegável e com baixo potencial hidroelétrico.

II. Os rios Negro, Trombetas e Jari estão entre os maiores e mais importantes afluentes do Amazonas, pela margem direita, e dispõem de grande potencial para gerar energia hidroelétrica.

III. Os principais afluentes da Bacia Tocantins-Araguaia têm potencial hidroelétrico, formando a maior bacia localizada totalmente em território brasileiro.

Quais estão corretas?

a) Apenas I.
b) Apenas III.
c) Apenas I e III.
d) Apenas II e III.
e) I, II e III.

4. (UERN)

> A qualidade das águas é representada por um conjunto de características, geralmente mensuráveis, de natureza química, física e biológica. Sendo um recurso comum a todos, foi necessário, para a proteção dos corpos d'água, instituir restrições legais de uso. Desse modo, as características físicas e químicas da água devem ser mantidas dentro de certos limites, os quais são representados por padrões, valores orientadores da qualidade de água, dos sedimentos e da biota.
>
> Resoluções Conama n.357/2005, Conama n. 274, Conama n. 344/2004 e Portaria n. 518, do Ministério da Saúde.

Os ecossistemas aquáticos incorporam, ao longo do tempo, substâncias provenientes de causas naturais, sem nenhuma contribuição humana, em concentrações raramente elevadas que, no entanto, podem afetar o comportamento químico da água e seus usos mais relevantes. Entretanto, outras substâncias lançadas nos corpos d'água pela ação antrópica, em decorrência da ocupação e do uso do solo, resultam em sérios problemas de qualidade de água, que demandam investigações e investimentos para sua recuperação.

Disponível em: <http://www.inea.rj.gov.br/fma/qualidade-agua.asp>. Acesso em: 29 jul. 2014.

Analise a imagem, que demonstra a localização de quatro cisternas.

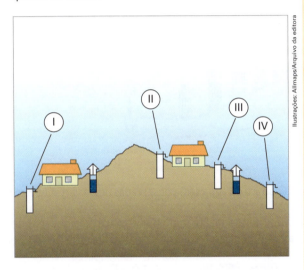

Após a leitura dos textos e da análise da imagem, pode-se considerar como melhor local para a instalação de uma cisterna a área

a) I.
b) II.
c) III.
d) IV.

5. (UFPR) Planícies são ambientes geomorfológicos que apresentam relevo plano, ou suavemente ondulado, com dimensões variadas, onde são predominantes os processos de deposição e acumulação de sedimentos. Planícies aluviais são aquelas formadas por sedimentos de rios. Sobre esses ambientes, considere as seguintes afirmativas:

1. Planície aluvial corresponde ao leito maior de um rio e sazonalmente sua área é ocupada pelas águas dos canais fluviais.
2. O estabelecimento de áreas urbanas em ambientes de planícies aluviais acarreta sérios problemas sociais, devido aos efeitos negativos das inundações periódicas para a população residente.
3. No planejamento do uso do solo nas planícies aluviais, é necessário considerar a suscetibilidade de contaminação do lençol freático, pois nesses ambientes ele se encontra mais próximo da superfície.
4. As cidades localizadas em planícies aluviais, ao contrário daquelas localizadas em ambientes sem risco de enchentes, exigem processos de planejamento, como os planos de uso e ocupação do solo.

Assinale a alternativa correta.

a) Somente as afirmativas 1 e 4 são verdadeiras.
b) Somente as afirmativas 1 e 3 são verdadeiras.
c) Somente as afirmativas 2, 3 e 4 são verdadeiras.
d) Somente as afirmativas 1, 2 e 4 são verdadeiras.
e) Somente as afirmativas 1, 2 e 3 são verdadeiras.

6. (UFPE) O desenho esquemático abaixo foi utilizado por um professor de Geografia do Ensino Médio numa determinada turma, para abordar aspectos relacionados ao relevo originado em áreas costeiras. O professor apresentou uma sequência evolutiva do relevo que vai de 1 a 3. Sabendo-se que as áreas pontilhadas são sedimentos modernos, basicamente fluviais, conclui-se que o professor estava explicando mais especificamente

a) a formação de restingas metamórficas.
b) a gênese de um delta.
c) os efeitos de uma transgressão marinha em costas altas.
d) as consequências geomorfológicas das ações antrópicas em áreas litorâneas.
e) a evolução de uma falésia viva.

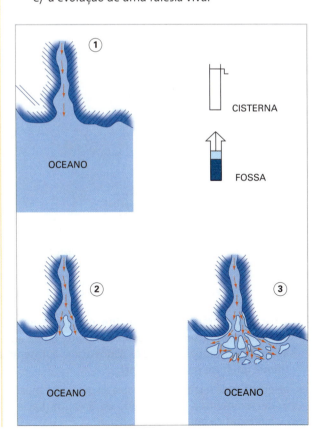

Hidrografia 59

Questões

7. (Unicamp-SP) Observe abaixo a figura de duas vertentes, uma em condições naturais (A) e outra urbanizada (B), e responda às questões.

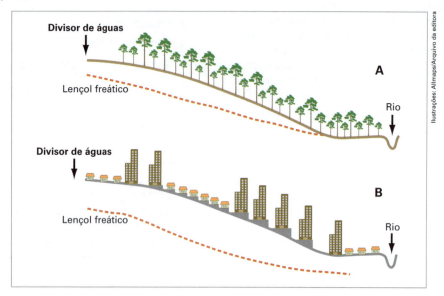

a) Como a água de precipitação pode chegar aos rios?

b) A vertente B é densamente urbanizada. Que alterações na dinâmica da água serão observadas nessa vertente e no rio?

8. (Fuvest-SP) Anualmente, as principais bacias hidrográficas do mundo fazem ingressar nos oceanos dezenas de bilhões de toneladas de partículas sólidas removidas das áreas continentais, resultantes do trabalho erosivo das águas correntes superficiais. Observe o mapa:

Principais bacias hidrográficas do mundo

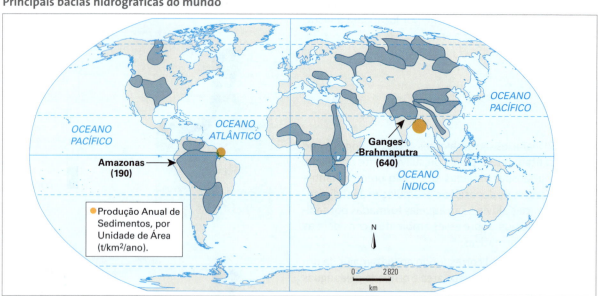

Adaptado de: *World Atlas of Geomorphic Features*, 1980 e Milliman, J. D., 2011.

A bacia hidrográfica Ganges-Brahmaputra, se comparada à do Amazonas, produz 3,4 vezes mais sedimentos por unidade de área, tendo, aproximadamente, 1/4 da área de drenagem e 18% da vazão média da bacia hidrográfica amazônica. Comparando-se os dados acima apresentados, a posição geográfica e o uso do solo nessas áreas, identifique um fator responsável pela:

a) quantidade relativamente baixa da produção anual de sedimentos, por unidade de área, da bacia hidrográfica amazônica. Explique;

b) elevada produção anual de sedimentos, por unidade de área, da bacia hidrográfica Ganges-Brahmaputra. Explique.

60 Caderno de Estudo

BIOMAS E FORMAÇÕES VEGETAIS: CLASSIFICAÇÃO E SITUAÇÃO ATUAL

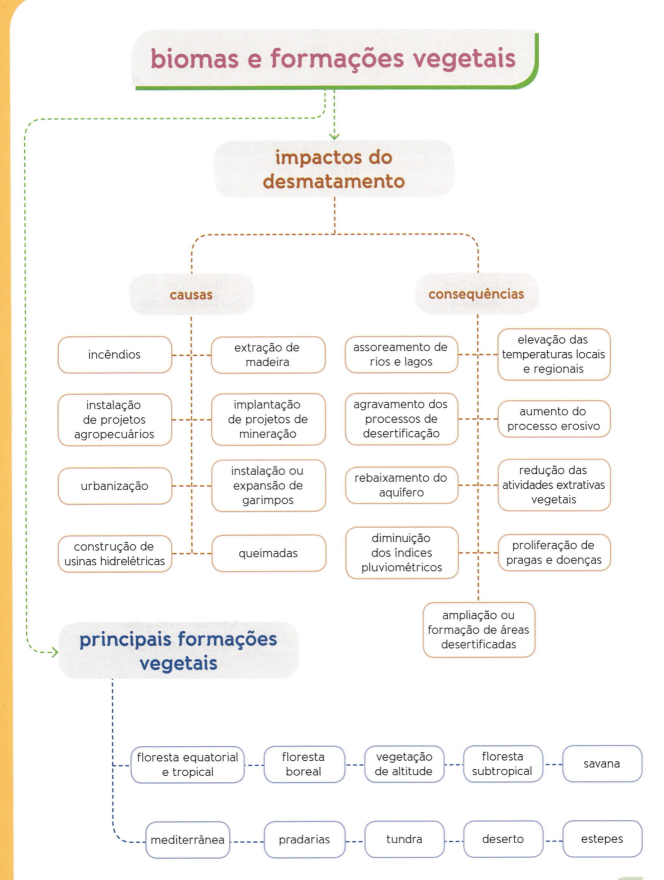

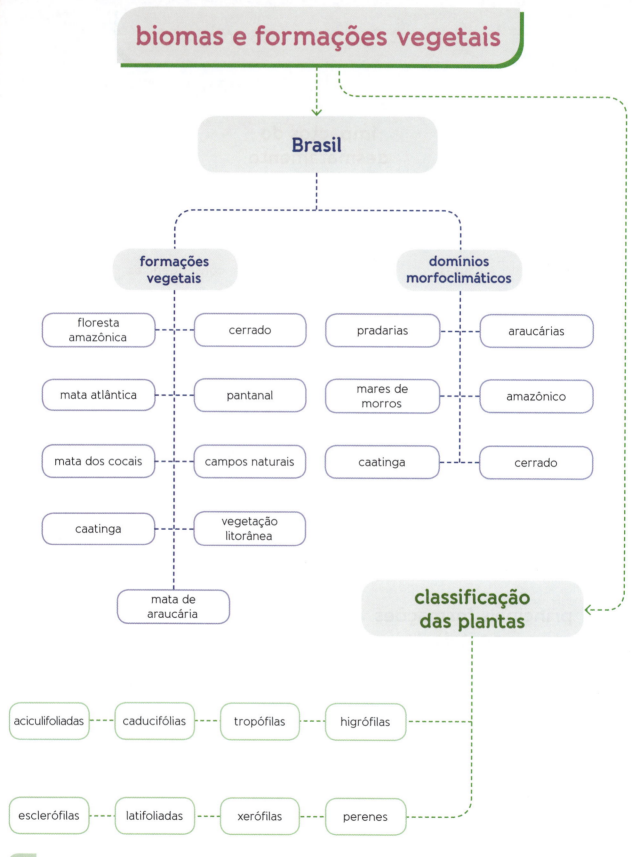

Exercícios

Testes

1. (Unesp-SP) Leia.

> *Imagens de satélite comprovam aumento da cobertura florestal no Paraná*
>
> O constante monitoramento nas áreas em recuperação do Programa Mata Ciliar, com o apoio de imagens de satélite, tem demonstrado um aumento significativo da cobertura florestal das áreas de preservação permanente, reserva legal e Unidades de Conservação, integrantes do Corredor de Biodiversidade.
>
> Disponível em: <www.mataciliar.pr.gov.br>. Acesso em: 29 jul. 2014.

As matas ciliares são

a) florestas tropicais em margens de rios, cujo papel é regular fluxos de água, sedimentos e nutrientes entre os terrenos mais altos da bacia hidrográfica e o ecossistema aquático. O mau uso dessas áreas provoca erosão das encostas e assoreamento do leito fluvial.

b) florestas temperadas, cujo papel é de filtro entre o solo e o ar, possibilitando a prática da agricultura sem prejudicar o ecossistema atmosférico. O mau uso dessas áreas provoca erosão do solo e contaminação do ar.

c) florestas subtropicais, cuja função é preservar a superfície do solo, proporcionando a diminuição da filtragem e o aumento do escoamento superficial. O mau uso dessas áreas provoca aumento da radiação solar e estabilidade térmica do solo.

d) coberturas vegetais que ficam às margens dos lagos e nascentes, atuam como reguladoras do fluxo de efluentes e contribuem para o aumento dos nutrientes e sedimentos que percolam o solo. O mau uso dessas áreas provoca evaporação e rebaixamento do nível do lençol freático.

e) formações florestais que desempenham funções hidrológicas de estabilização de áreas críticas em topos de morros, cumprindo uma importante função de corredores para a fauna. O mau uso dessas áreas provoca desmatamento e deslizamento das encostas.

2. (UPE) Na Europa Central e Ocidental, nas porções oriental e ocidental do Canadá e dos Estados Unidos assim como no Extremo Oriente, ocorrem paisagens fitogeográficas, que se constituem, quase sempre, por árvores caducifólias e apresentam uma baixa densidade botânica e certa homogeneidade de espécies. Estão em grande parte destruídas pelas ações antrópicas, uma vez que se encontram em áreas densamente povoadas e onde houve um expressivo desenvolvimento econômico. Grande parte da superfície ocupada por essas formações vegetais foi substituída pelas atividades agrícolas e pecuárias ou pelas cidades que, por elas próprias, se expandiram. A quais formações vegetais estamos nos referindo?

a) Savanas e Taiga.
b) Florestas Tropicais e Florestas Subtropicais.
c) Florestas Boreais e Tundra.
d) Florestas Temperadas e Florestas Subtropicais.
e) Estepes e Florestas Temperadas.

3. (Fuvest-SP) No mapa atual do Brasil, reproduzido a seguir, foram indicadas as rotas percorridas por algumas bandeiras paulistas no século XVII.

Nas rotas indicadas no mapa, os bandeirantes

a) mantinham-se, desde a partida e durante o trajeto, em áreas não florestais. No percurso, enfrentavam períodos de seca, alternados com outros de chuva intensa.

b) mantinham-se, desde a partida e durante o trajeto, em ambientes de florestas densas. No percurso, enfrentavam chuva frequente e muito abundante o ano todo.

c) deixavam ambientes florestais, adentrando áreas de campos. No percurso, enfrentavam períodos muito longos de seca, com chuvas apenas ocasionais.

d) deixavam ambientes de florestas densas, adentrando áreas de campos e matas mais esparsas. No percurso, enfrentavam períodos de seca, alternados com outros de chuva intensa.

e) deixavam áreas de matas mais esparsas, adentrando ambientes de florestas densas. No percurso, enfrentavam períodos muito longos de chuva, com seca apenas ocasional.

Biomas e formações vegetais: classificação e situação atual

4. (UFSJ-MG) Observe o mapa abaixo.

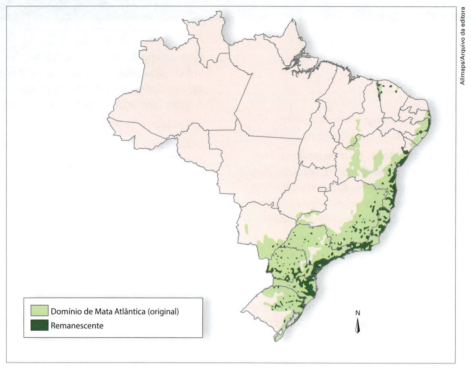

Adaptado de: <http://www.rbma.org.br/anuario/mata_02_dma.asp>. Acesso em: 29 jul. 2014.

Sobre a região representada no mapa, é **INCORRETO** afirmar que

a) suas condições de umidade e de calor formam ecossistemas terrestres que dispõem de grande biodiversidade distribuída em manguezais, florestas de restinga, estepes e tundras.

b) os rios e lagos abrigam ricos ecossistemas aquáticos que são ameaçados pela poluição, assoreamento, desmatamento das matas ciliares e represas feitas sem os devidos cuidados ambientais.

c) a variação da latitude e da altitude da vegetação remanescente garante a formação de "habitats" variados, o que favorece a grande diversidade de plantas e animais.

d) ela se encontra sob a influência de massas de ar úmidas, que, associadas à evapotranspiração das plantas e à evaporação dos cursos d'água, garantem boa pluviosidade durante o ano.

5. (UEL-PR) O mosaico botânico brasileiro resulta da expansão e da retração de florestas, cerrados e caatingas, provocadas pela alternância de climas úmidos e secos nas regiões tropicais durante os períodos glaciais. Com base nessas considerações, analise a tabela a seguir.

BIOMA	Temperatura média anual (°C)	Pluviosidade média anual (mm)	Solo	Vegetação
X	25	800	Possui nutrientes, porém sem capacidade de reter umidade	Árvores e arbustos caducifólios e redução da superfície foliar
Y	26	1200	Ácido, rico em alumínio	Árvores com caules retorcidos, com cascas grossas e folhas coriáceas
Z	28	2000	Pobre em minerais	Árvores de grande porte com folhas largas e perenes e maior densidade no estrato arbustivo

Com base na tabela, assinale a alternativa que apresenta, correta e respectivamente, a sequência dos biomas representados pelas letras X, Y e Z.

a) Caatinga, cerrado e floresta.
b) Caatinga, floresta e cerrado.
c) Cerrado, caatinga e floresta.
d) Floresta, caatinga e cerrado.
e) Floresta, cerrado e caatinga.

Questões

6. (Unesp-SP) Analise os climogramas dos principais tipos climáticos do Brasil e as fotos que retratam as formações vegetais correspondentes.

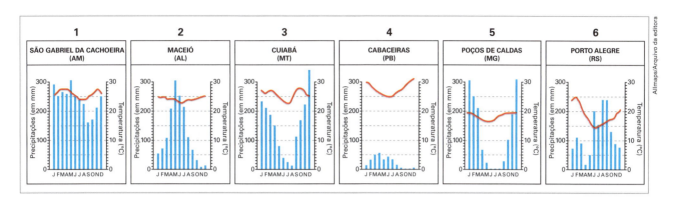

Adaptado de: Maria Elena Simielli. *Geoatlas*, 2011.

a) Identifique o climograma e a respectiva foto que representa a vegetação do Cerrado.
b) Mencione duas características da formação vegetal do Cerrado e uma característica do clima no qual ela ocorre.

7. (UERJ)

O país da soja

Adaptado de: <jornaloexpresso.wordpress.com>. Acesso em: 29 jul. 2014.

Nas últimas décadas, o avanço do cultivo da soja no Brasil, além de incorporar novas áreas, causou diversas modificações nos ecossistemas do país.

a) Identifique dois biomas brasileiros que sofreram expressiva degradação em função da recente expansão da soja no território nacional.

b) Aponte, também, dois fatores que explicam o elevado crescimento de sua produção na região central do Brasil.

8. (UFPR) Nos últimos meses foi observado um intenso debate sobre a aprovação de alguns aspectos no novo código florestal brasileiro. Um conflito de posições bastante polêmico, notado principalmente entre produtores rurais e aqueles setores da sociedade voltados à conservação ambiental, foi a respeito das denominadas Áreas de Preservação Permanente – APPs. Caracterize o que é e qual a função das APPs, explicando as razões desse conflito.

Biomas e formações vegetais: classificação e situação atual | 65

A LEGISLAÇÃO AMBIENTAL E AS UNIDADES DE CONSERVAÇÃO

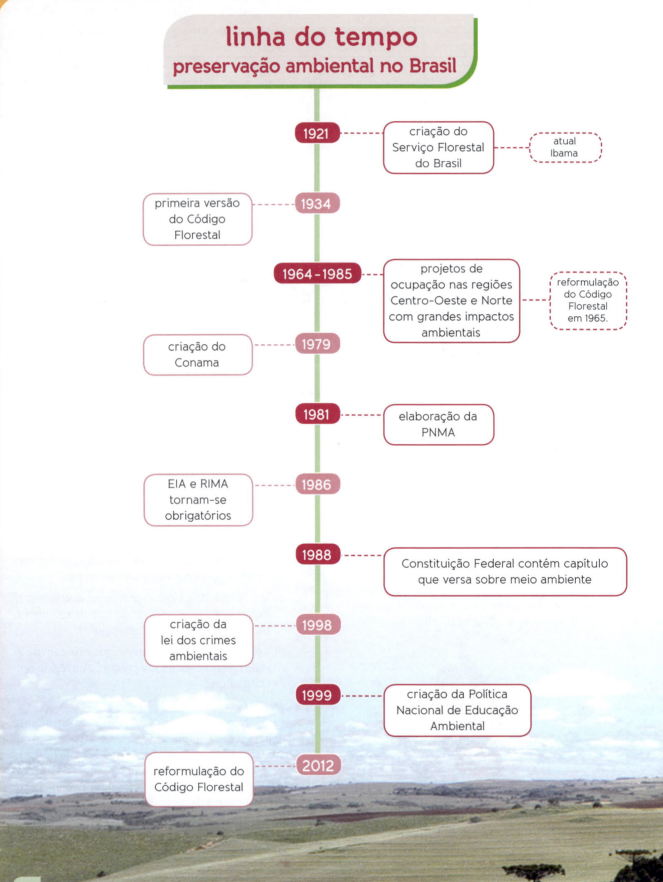

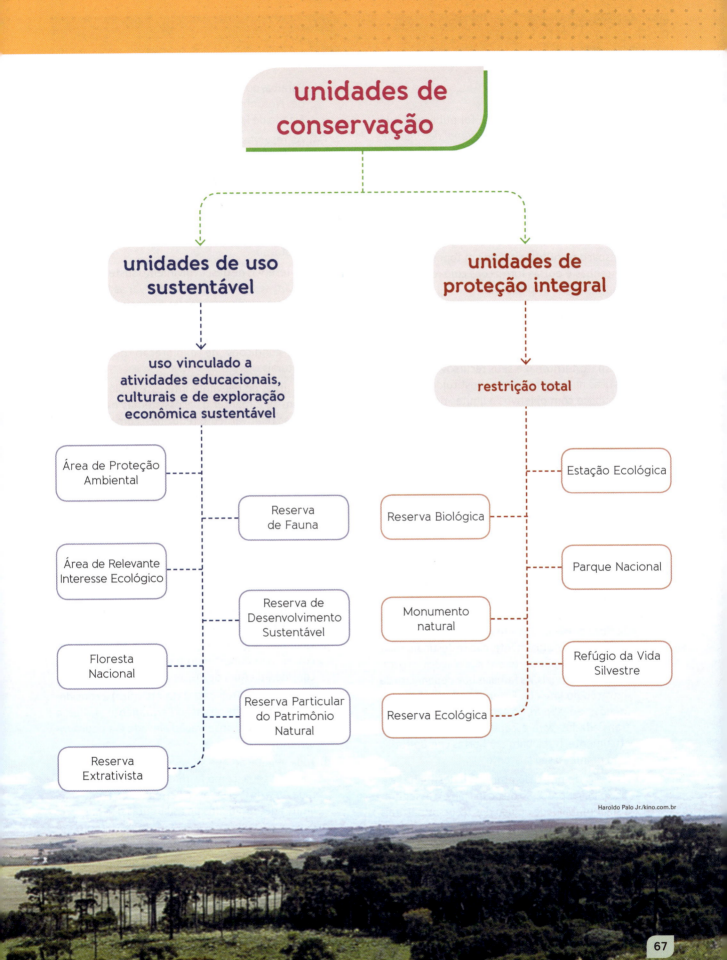

Exercícios

Testes

1. (UFPR) Em 18 de julho de 2000, foi publicada a lei 9.985, que instituiu o *Sistema Nacional de Unidades de Conservação da Natureza*. De acordo com essa lei, *Unidade de Conservação*:
   a) é o espaço territorial situado nas margens de rios e lagos, cuja abrangência de proteção depende da largura de cada corpo hídrico e da declividade do terreno localizado às margens desses corpos.
   b) é o espaço territorial situado em topos de serras, montanhas e outras formações cujo relevo exige garantias legais de proteção.
   c) são as áreas frágeis situadas em biomas bastante degradados, a exemplo da floresta Atlântica, cujo pouco que restou precisa ser conservado.
   d) é o espaço territorial e seus recursos, com características naturais relevantes, instituídos pelo poder público com objetivos e limites definidos, ao qual se aplicam garantias de proteção.
   e) são as áreas de propriedade pública, como Parques, Estações Ecológicas, Áreas de Proteção Ambiental, Florestas Nacionais e Reservas de Desenvolvimento Sustentável, entre outras, nas quais a extração de recursos é proibida.

2. (UEM-PR) As unidades de uso sustentável têm como objetivo geral compatibilizar a conservação da natureza com o uso sustentável de parcelas de seus recursos naturais. De acordo com suas categorias de manejo, assinale o que for correto.
   01) As reservas extrativistas preservam exemplares da flora brasileira extremamente exploradas no passado e que, atualmente, não se destinam mais à exploração por parte das populações extrativistas tradicionais. As famílias que dependiam da extração do látex na Reserva Extrativista Chico Mendes, em Xapuri, no Acre, por exemplo, foram transladadas para a capital Rio Branco, onde, atualmente, trabalham em hortas comunitárias para manter o seu sustento.
   02) As áreas de proteção ambiental destinam-se a disciplinar o processo de ocupação e a assegurar a sustentabilidade do uso dos recursos naturais em áreas relativamente extensas do território nacional. Nessa categoria, podem ser destacadas as seguintes áreas de proteção ambiental: Cananeia-Iguape-Peruíbe, em São Paulo; o delta do Paraíba, no Piauí, Maranhão e Ceará; e Fernando de Noronha, arquipélago administrado pelo Estado de Pernambuco.
   04) As reservas de fauna são reservas destinadas exclusivamente à inserção de animais terrestres nativos em seu ecossistema natural. A maioria desses animais são retirados de seu ecossistema natural por caçadores e contrabandistas e, quando recuperados pelos órgãos ambientais competentes, são confinados nessas reservas para readaptação.
   08) As reservas de desenvolvimento sustentável destinam-se a valorizar e a conservar as técnicas de manejo das populações tradicionais e a assegurar as condições para a melhoria da qualidade de vida dessas populações, garantindo-lhes melhores condições de exploração dos recursos naturais.
   16) As áreas de relevante interesse ecológico destinam-se a manter os ecossistemas naturais em áreas relativamente reduzidas, com pouca ocupação humana, que abriguem exemplares raros da biota regional ou dotadas de características naturais consideradas extraordinárias.

3. (UFPB) O debate sobre o novo Código Florestal no Congresso Nacional acirrou a discussão sobre a preservação do meio ambiente e sobre as Áreas de Preservação Permanentes. Em relação às Áreas de Preservação Permanentes, é correto afirmar:
   a) Toda a Floresta Amazônica é considerada Área de Preservação Permanente, tendo em vista seu elevado número de espécies vegetais e animais, muitas delas em risco de extinção.
   b) Qualquer vegetação que ocupe vertentes ou encostas, não importando o grau de declividade, é considerada Área de Preservação Permanente.
   c) Toda Floresta Tropical (Mata Atlântica) é considerada Área de Preservação Permanente, devido a seu estado de conservação elevado e à pouca interferência antrópica.
   d) Toda vegetação que se encontra às margens dos cursos d'água, como as matas ciliares, é considerada Área de Preservação Permanente, tendo seus limites determinados pelas larguras dos rios.
   e) Qualquer tipo de Cerrado é considerado Área de Preservação Permanente, devido à sua grande devastação, provocada pelo avanço do agronegócio na região Centro-Oeste do Brasil.

AS CONFERÊNCIAS EM DEFESA DO MEIO AMBIENTE

conferências ambientais

1972
- Conferência das Nações Unidas sobre o Homem e o Meio Ambiente
- Estocolmo (Suécia) com a participação de 113 países
- estabeleceu o respeito à soberania das nações
- a partir desse encontro muitos países criaram legislação e órgãos de defesa ambiental
- Relatório Brundtland 1987 – conceito de desenvolvimento sustentável

1992
- Conferência das Nações Unidas sobre o meio ambiente e desenvolvimento
- Eco-92 ou Rio-92
- Rio de Janeiro (Brasil)
- 178 países e centenas de ONGs
- na busca pelo desenvolvimento sustentável foram criados: Convenção sobre Biodiversidade, Convenção sobre Mudanças Climáticas (**Protocolo de Kyoto**, 1997), Declaração de Princípios Relativos às Florestas e Plano de Ação (**Agenda 21**)

2002
- Cúpula Mundial sobre o Desenvolvimento Sustentável
- Johannesburgo (África do Sul)
- Rio+10
- 191 países e centenas de ONGs
- foram discutidos quatro temas mais importantes para a busca do desenvolvimento sustentável: erradicação da pobreza, mudanças no padrão de produção e consumo; utilização sustentável dos recursos naturais; compatibilizar efeitos da globalização
- foi criado o Plano de Implementação da Agenda 21

2012
- Conferência das Nações Unidas sobre Desenvolvimento Sustentável
- Rio de Janeiro (Brasil) com participação de 190 países
- Rio+20
- seu documento final (*O futuro que queremos*) ficou restrito a uma série de declarações e não vinculou nenhuma obrigação prática aos participantes
- criação do conceito de economia verde

Exercícios

Testes

1. (Uespi) Leia a notícia a seguir:

   Os municípios de Tianguá e Ibiapina, região da "Serra" da Ibiapaba, alcançaram na semana passada, o Índice de Sustentabilidade Ambiental que faz parte do Programa Selo Verde 2010. Os municípios responderam a três questionários, sendo eles de Gestão Ambiental, Mobilização Ambiental e Desempenho Ambiental.

   A sustentabilidade ambiental:

   1. é a expressão empregada para definir encostas de serras que não estão sendo submetidas a intensos processos erosivos lineares.
   2. é o termo utilizado para definir atividades e ações dos seres humanos que visam suprir as necessidades atuais desses seres, sem comprometer o futuro das próximas gerações.
   3. é um tema que se encontra diretamente relacionado ao desenvolvimento econômico e material sem agredir o meio ambiente, utilizando recursos naturais de maneira inteligente para que esses se mantenham no futuro.
   4. consiste na exploração dos recursos vegetais de matas de maneira controlada, garantindo o replantio sempre que necessário.

   Está(ão) correta(s) apenas:
   a) 2
   b) 3
   c) 1 e 3
   d) 2 e 4
   e) 2, 3 e 4

2. (PUC-RS) Observe as assertivas abaixo:
   I. Embora o modelo econômico adotado pela grande maioria dos países industrializados produza bens de consumo sem a preocupação de atender as necessidades dos seus habitantes, as empresas transnacionais utilizam os recursos naturais de forma sustentável.
   II. A industrialização acelerou o emprego de matérias-primas retiradas de oceanos, florestas e até mesmo de áreas semidesérticas, muitas vezes sem preocupação com a sustentabilidade.
   III. Fazemos parte de uma sociedade solidária, que valoriza os diferentes tipos de produção porque procura ser democrática no acesso aos bens de consumo, estendendo-os a todos que fazem parte dela.
   IV. A utilização racional e sustentável dos recursos naturais tornou-se fundamental para a manutenção da cadeia alimentar, já que favorece a sobrevivência das espécies que vivem na Terra.

   Estão corretas apenas as afirmativas
   a) I e II.
   b) I e III.
   c) II e III.
   d) II e IV.
   e) III e IV.

3. (Unesp-SP) As manchetes de jornal de junho de 2012 enfatizaram a Conferência das Nações Unidas sobre Desenvolvimento Sustentável. A Rio+20, como ficou conhecida, tinha o desafio de dar continuidade à conscientização global que teve início na Rio 92.
   As diretrizes propostas por essas conferências têm por finalidade o desenvolvimento sustentável, o qual se refere a um modelo de
   a) consumo que vise atender às necessidades das gerações presentes, sem comprometer o atendimento às necessidades das gerações futuras.
   b) desenvolvimento social e econômico que objetive a satisfação financeira e cultural da sociedade.
   c) consumo excessivo dos recursos naturais, com vistas à preservação, para as gerações futuras, das espécies animais em extinção.
   d) desenvolvimento global que disponha dos recursos naturais para suprir as necessidades da geração atual.
   e) desenvolvimento global que incorpore e priorize os aspectos do desenvolvimento econômico.

4. (UERN) Segundo dados do Banco Mundial, 1 estadunidense consome tanta energia quanto 2 europeus, 55 indianos e 900 nepaleses. Em outubro de 2011, a população mundial chegou à casa dos 7 bilhões de habitantes. Caso a população mundial continue crescendo pode-se
   a) adotar o modelo de consumo do mundo desenvolvido, porque é totalmente voltado para a sustentabilidade.
   b) causar preocupação, porque a pressão sobre os recursos naturais será muito alta, principalmente por parte das nações desenvolvidas.
   c) adotar uma postura consumista, já que cada vez mais preocupa-se com as questões ambientais.
   d) continuar consumindo, porque os produtos são biodegradáveis, não oferecendo nenhum risco para o ambiente.

5. (UFSM-RS) A charge evidencia a exploração dos recursos naturais pela sociedade.

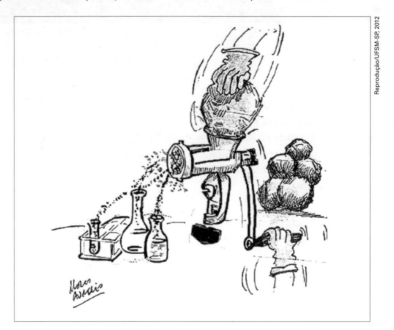

É correto, então, afirmar:
a) Os recursos naturais são regulados pela natureza e somente podem ser repostos ou reproduzidos por ela.
b) A relação entre as sociedades e a natureza é mediada pelo desenvolvimento técnico que incorpora novos recursos, transformando elementos da natureza em recursos naturais.
c) As técnicas criadas para transformar a natureza em recursos torna o homem dependente de áreas geográficas restritas.
d) Em alguns recursos naturais não renováveis, como o solo, a reposição de elementos minerais ocorre num processo que demanda um tempo tão longo que só pode ser contabilizado em escala geológica.
e) A natureza é um conjunto de elementos transformados pelo homem, ou seja, natureza e recursos naturais são sinônimos.

6. (UFPR) O Brasil sediou, no mês de junho de 2012, a Conferência Rio+20, voltada às preocupações da relação entre sociedade e natureza, entre desenvolvimento e meio ambiente. Considerando as questões ambientais contemporâneas e os fóruns internacionais de debates e decisões acerca da relação entre meio ambiente e desenvolvimento das últimas décadas, assinale a alternativa INCORRETA.
a) A realização das grandes conferências mundiais sobre meio ambiente e desenvolvimento evidencia que a resolução dos problemas ambientais do planeta passa, essencialmente, pela esfera política.
b) As grandes conferências mundiais sobre meio ambiente e desenvolvimento datam dos últimos quarenta anos, aproximadamente, período no qual a degradação ambiental passou a ameaçar o desenvolvimento econômico mundial.
c) Na conferência Rio+20, a principal divergência de posições colocou em evidência o antagonismo entre os defensores da economia verde e os defensores do desenvolvimento ecologicamente sustentável.
d) As convenções da Biodiversidade e das Mudanças Climáticas Globais, associadas às convenções da Amazônia e da Mata Atlântica (brasileiras), foram ratificadas pelos países membros da ONU na última década.
e) O desenvolvimento sustentável, proposto pela Comissão Brundtland nos anos oitenta, constitui-se numa perspectiva de reorientação da produção econômica moderna considerando as bases ecológicas do planeta.

Questão

7. (Udesc) A cúpula mundial sobre Desenvolvimento Sustentável, realizada em 2002, na África do Sul, também denominada RIO+10 (dez anos depois do evento Rio 92, que originou o documento agenda 21), contou com a participação de 189 países, que avaliaram os avanços e as dificuldades em torno das questões sociais, econômicas e ambientais do planeta de acordo com as metas e os compromissos da agenda 21. Porém essa cúpula estabeleceu que um desses compromissos é essencial e prevê atingi-lo, até 2015, 50% das pessoas sem acesso aos seus benefícios.
Comente o objetivo e o compromisso da agenda 21 e a que acesso se refere.

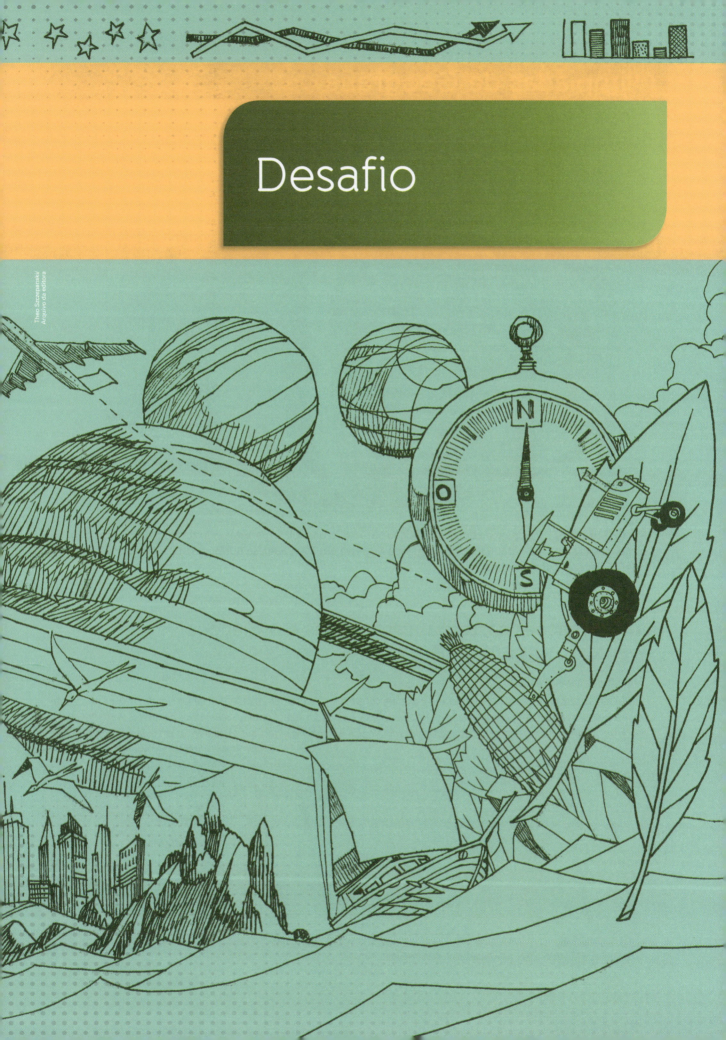

Desafio

Olimpíadas de Geografia

Coordenadas, movimentos da Terra e fusos horários

1. (Desafio National Geographic/2009)

   Fusos horários

   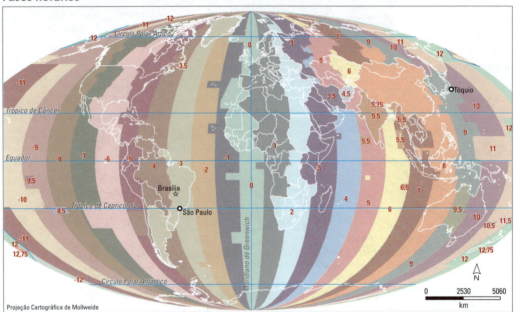

   Atletas brasileiros participam de uma competição em Tóquio (Japão). As partidas disputadas pelo Brasil iniciam-se sempre às 15 horas, no horário local. Uma pessoa que vive em São Paulo, se quiser assistir a uma partida ao vivo pela TV, deverá ligar o aparelho:

   a) Às 15 horas. b) À 0 hora. c) Às 3 horas. d) Às 21 horas.

Representações cartográficas, escalas e projeções

2. (Desafio National Geographic/2011)

   Cartografia de emergência

   Quando ocorre um desastre, mapas acurados podem salvar vidas. Após o terremoto de 12 de janeiro de 2010, as equipes de resgate no Haiti enfrentaram dificuldades devido à escassez de mapas das ruas. Contudo, voluntários na capital, Porto Príncipe, e em outros locais criaram cartas mais detalhadas das ruas do país e fecharam as lacunas cartográficas em algumas horas.

   Revista National Geographic Brasil, ed. n. 127, out. 2010, p. 20.

   30 de dezembro de 2009. Duas semanas antes do tremor, este mapa incluía pouquíssimas informações sobre ruas e pontos de referência.

   13 de janeiro de 2010. O *site* OpenStreetMap obteve o nome das ruas.

29 de janeiro de 2010. A localização de clínicas e abrigos logo foi acrescida.

Sobre as representações em questão, é correto afirmar que:

a) São imagens de satélite das principais cidades do país, oferecendo uma visão panorâmica das manchas urbanas devastadas.

b) Trata-se de uma coleção de mapas em escala pequena, inadequada para identificar pontos de referência em uma cidade.

c) Nesta escala cartográfica, elas mostram a rede viária, mas não permitem visualizar quarteirões, bairros e espaços públicos.

d) São plantas em escala grande que, acrescidas de dados, permitem localizar unidades voltadas ao atendimento de cidadãos.

Representação gráfica

3. (Desafio National Geographic/2010)

População mundial

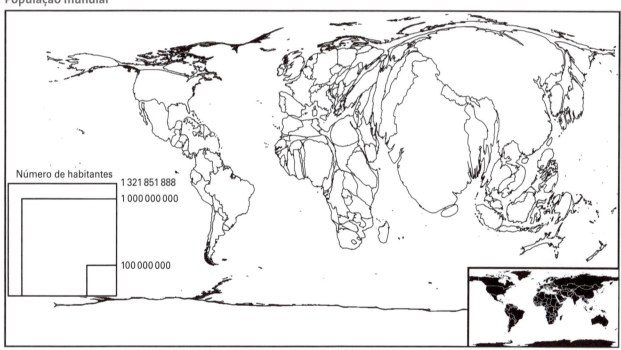

Elaborado com Scape Toad. <http://scapetoad.chorus.ch/index.php>. Fonte dos dados ONU 2007. <http://un.org/>.
Elaboração: Eduardo Gutenfeker - Geógrafo - 20/05/2010.

Chamada por muitos de "deformação", a representação cartográfica acima, na verdade, altera o fundo de carta convencional, que mede distâncias em metros ou quilômetros. De acordo com o geógrafo Jacques Lévy, trata-se de recurso utilizado para evidenciar diferenças, de modo que as superfícies de fundo de carta sejam sensíveis às realidades ou temas a serem representados.

A representação cartográfica em questão é conhecida como:

a) carta topográfica.
b) sistema de posicionamento global.
c) anamorfose.
d) representação em escala grande.

(Desafio National Geographic/2012)
Observe o mapa e o texto a seguir e responda às questões 4 e 5.

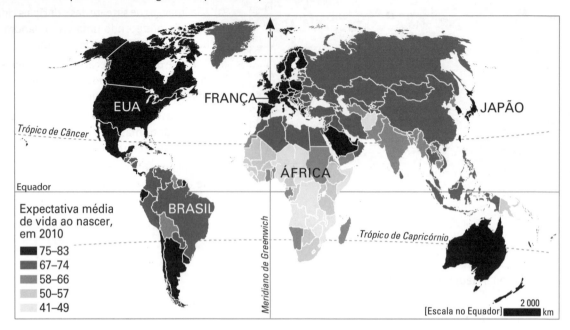

Há cada vez mais gente centenária, mas poucos vivem além disso – assim, a expectativa de vida, mesmo nos países mais ricos, permanece na casa dos dois dígitos. Havia 53.364 pessoas centenárias nos Estados Unidos em abril de 2010. Estima-se que em 2050 haverá 601.000 pessoas nesta faixa etária naquele país. No Brasil, registrou-se em 2010 a presença de 23.760 pessoas na casa dos 100 anos de idade.

Agência de Referência Populacional (EUA); IBGE. *National Geographic Brasil*, ed. n. 140, nov. 2011, p. 33.

4. De acordo com os dados, é correto afirmar, quanto à expectativa de vida no mundo, que:
   a) Há um progressivo aumento nas taxas de mortalidade de idosos no mundo, incluindo os que vivem nos países desenvolvidos.
   b) Países como os Estados Unidos apresentam elevada expectativa de vida e projeções futuras de aumento do percentual de centenários.
   c) No mundo contemporâneo, os altos índices de expectativa de vida são uma característica sociodemográfica restrita a um grupo de países ricos.
   d) Há um declínio da expectativa de vida nos países ricos e em desenvolvimento em função dos efeitos perversos da atual crise econômica mundial.

5. Os recursos utilizados para mostrar os dados de expectativa de vida no mapa se vinculam a uma modalidade de representação cartográfica conhecida como:
   a) ordenada.
   b) sistema de informação geográfica.
   c) dinâmica.
   d) carta topográfica.

6. (Desafio National Geographic/2011)

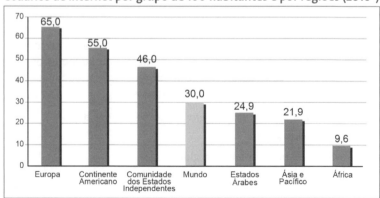

Usuários de internet por grupo de 100 habitantes e por regiões (2010*)

International Telecommunication Union/ ICT Indicators Database, 2010. (*) Estimativas.

Com base nos dados do gráfico, é correto afirmar que:

a) Apesar de desenvolvidos, a Europa e os Estados Unidos deixaram de incorporar plenamente o recurso tecnológico em questão.
b) Os maiores índices de difusão e uso da internet estão nos países emergentes, diante do seu notável crescimento econômico.
c) Há uma desigual difusão das inovações nos meios de comunicação no mundo, afetando em especial os países menos desenvolvidos.
d) Há uma difusão e distribuição equilibrada de recursos como a internet, garantindo a agilidade das comunicações no mundo atual.

7. (Desafio National Geographic/2011)

Chegadas internacionais de turistas segundo as grandes regiões – 2010

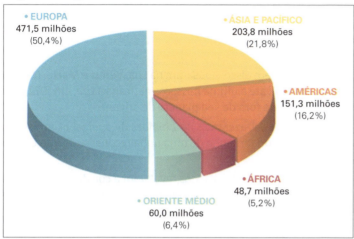

Organização Mundial do Turismo, 2010.

De acordo com os dados expostos no gráfico, é correto afirmar que:

a) Devido à sua estabilidade econômica, a Ásia conta com os espaços turísticos mais procurados em todo o mundo.
b) O destino mais procurado pelos turistas internacionais são os ambientes tropicais, favoráveis ao turismo de sol e praia.
c) O patrimônio histórico e cultural europeu contribui para que o continente receba grande contingente de visitantes.
d) Os conflitos e guerras civis causaram a suspensão da visitação turística ao Oriente Médio e ao norte da África.

(Desafio National Geographic/2011) Observe o mapa e os gráficos ao lado e responda às questões 8 e 9.

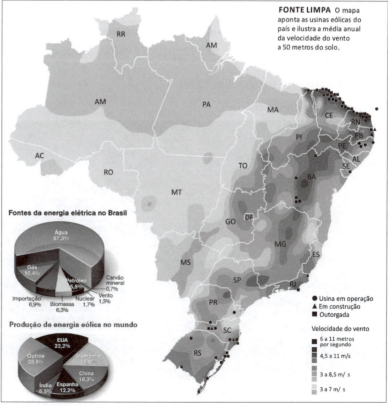

Agência Nacional de Energia Elétrica; Associação Brasileira de Energia Eólica.
Revista *National Geographic Brasil*, ed. n. 129, dez. 2010, p. 18.

8. Sobre as áreas de produção de energia eólica para gerar eletricidade no Brasil, é correto afirmar que:
   a) Diversas áreas da faixa oriental do país apresentam condições naturais para a geração eólica.
   b) Estão ausentes do território nacional as condições naturais necessárias para a geração eólica.
   c) As áreas de potencial eólico do país restringem-se ao litoral gaúcho e à região Nordeste.
   d) O território nacional como um todo apresenta condições naturais favoráveis à geração eólica.

9. De acordo com os dados sobre geração de eletricidade oriunda da energia eólica no mundo, conclui-se que:
   a) Dada a demanda por investimentos, a geração eólica está hoje restrita aos países ricos.
   b) A geração de energia oriunda de fonte eólica distribui-se de forma equitativa no mundo.
   c) Os Estados Unidos são o país com a maior produção de energia eólica no mundo.
   d) Há hoje maior potencial e capacidade instalada de geração eólica nos países pobres.

Tecnologias modernas usadas pela Cartografia

10. (Desafio National Geographic/2011)

    I – Sondas não tripuladas já exploraram o Sistema Solar e, além disso, pousaram na Lua, Vênus e Marte. Desde que o cosmonauta russo Yuri Gagarin orbitou a Terra, em 1961, até a última missão americana à Lua, em 1972, poucos ficaram indiferentes aos primeiros passos da humanidade fora de seu planeta de origem.

    II – Um modelo do tamanho de uma lista telefônica é capaz de fazer mais de 2 bilhões de operações por segundo. Esse salto foi possível devido ao "chip", pastilha de silício do tamanho de uma unha recoberta de microscópicos circuitos eletrônicos.

    III – Na década de 1960, fotos obtidas por aviões-espiões dos Estados Unidos revelaram a construção em Cuba de bases para o lançamento de mísseis. Análises revelaram que eles eram soviéticos e poderiam lançar artefatos nucleares sobre alvos nos Estados Unidos sem aviso prévio.

    Atlas da história do mundo. National Geographic. São Paulo: Editora Abril, 2003, p. 314, 324-325.

    Os trechos destacados apresentam inovações tecnológicas relativas, respectivamente, à:
    a) corrida aeroespacial, revolução da informática e corrida armamentista.
    b) revolução da informática, pesquisa de novos materiais e corrida aeroespacial.
    c) corrida armamentista, corrida aeroespacial e revolução da informática.
    d) corrida nuclear, revolução da informática e corrida aeroespacial.

11. (Desafio National Geographic/2009)

    Planisfério – Padrões luminosos

    (*) Elaborado com montagem de imagens da superfície da Terra, com base em dados sobre a dispersão de luz colhidos no solo no período 1996-97. O país menos afetado pela intensidade luminosa é a República Centro-Africana.
    Light Pollution Science and Technology Institute.____. In: KILNKeNBORG, Verlyn. A noite evanescente.
    National Geographic Brasil. São Paulo: Editora Abril, edição 104, págs. 58-59, novembro 2008.

Sobre o mapa na página anterior, considere as seguintes afirmações:

I – entre as áreas de maior luminosidade estão as de países da Europa ocidental e do nordeste dos Estados Unidos, caracterizadas pelos elevados índices de urbanização.

II – Os países pobres e os países em desenvolvimento não apresentam áreas de intensa luminosidade em função da baixa densidade da urbanização e das redes de energia elétrica instaladas em seus territórios.

III – entre as áreas de luminosidade mais intensa, com céu noturno mais claro, estão as de extração ou refino de petróleo e frações de territórios de países desenvolvidos.

De acordo com os dados apresentados, está correto o que foi afirmado em:

a) I, II e III.
b) I e II.
c) II e III.
d) I e III.

Estrutura geológica

12. (Desafio National Geographic/2011)

Segundo o paleoclimatologista William Ruddiman, da Universidade da Virgínia, a invenção da agricultura, há 8 mil anos, e o consequente desmatamento provocaram um aumento no CO_2 suficiente para evitar o que teria sido o início de uma era glacial. Na opinião dele, os seres humanos foram a força dominante no planeta desde o começo do Holoceno. O químico holandês Paul Crutzen, por sua vez, situou o início do Antropoceno no fim do século 18, quando, como se comprova por meio de amostras de núcleos de gelo, os níveis de dióxido de carbono começaram a aumentar, numa tendência que prossegue até hoje. Já outros cientistas consideram que a nova época começou em meados do século 20, quando houve rápida aceleração tanto do crescimento demográfico como do consumo dos recursos globais.

Revista *National Geographic Brasil*, ed. n. 132, março de 2011, p. 77.

O surgimento de uma nova época geológica, marcada pela grande interferência humana no ambiente, denominada Antropoceno:

a) Teve início entre o século 18 e o século 20, quando a industrialização originou-se e se expandiu nos séculos seguintes.

b) Ocorreu no século 20, quando houve a diminuição da emissão de dióxido de carbono no mundo como um todo.

c) Definiu-se em função do declínio da agricultura nos países industrializados antes do século 18.

d) Surgiu na Pré-História, há 8 mil anos, com o desenvolvimento da agricultura e das primeiras cidades.

13. (Desafio National Geographic/2012) Observe a sequência de esquemas sobre a formação de *tsunamis* no oceano Pacífico. Sobre o evento natural em questão, considere as afirmações a seguir:

a) O *tsunami* não se resume à onda inicial. Outras ondas gigantescas podem seguidamente atingir a costa das ilhas e dos continentes.

b) Com o desprendimento das placas oceânica e continental, a liberação da tensão acumulada pode provocar um forte terremoto. O leito marinho ergue-se e movimenta uma grande coluna d'água. Surge o *tsunami*.

c) Na chamada zona de subducção, a placa oceânica mergulha sob a placa continental. Se tal ação sofre algum tipo de bloqueio, há acúmulo de tensão.

Revista *National Geographic Brasil*. São Paulo: Editora Abril, edição 143, p. 98-99, novembro 2012.

d) Antes da chegada da primeira onda, ocorre muitas vezes um recuo do mar em áreas próximas à costa, deixando parte do leito marinho exposta.

A alternativa na qual os esquemas gráficos e as explicações estão associados de forma correta é:

a) 1D, 2C, 3D, 4B.   b) 1A, 2B, 3C, 4D.   c) 1C, 2B, 3D, 4A.   d) 1A, 2B, 3D, 4C.

Estruturas e formas do relevo

14. (Desafio National Geographic/2010) Um intenso tremor de terra registrado no Chile em fevereiro e março de 2010, com epicentro no oceano Pacífico próximo a Maule, região central do país, registrou 8,8 graus na escala Richter, seguido de sucessivas réplicas sismológicas. Como resultado, causou a morte de cerca de 800 pessoas. Analistas afirmam que o Chile apresenta condições distintas do Haiti, também abalado por tremores com epicentro localizado a 25 km da capital, Porto Príncipe, e que atingiram 7,0 graus na escala Richter com inúmeras réplicas sismológicas, totalizando cerca de 300 mil vítimas fatais.

Considerando os efeitos dos terremotos nesses países, a situação chilena se diferencia da haitiana por apresentar maior:

a) Fragilidade dos recursos econômicos e dos níveis de organização social e política.
b) Instabilidade política, face à ausência de eleições livres e participação popular.
c) Consolidação das instituições nacionais e índices favoráveis de crescimento econômico.
d) Dependência em relação aos Estados Unidos e baixos índices de desenvolvimento humano.

15. (Desafio National Geographic/2012) Observe a figura a seguir:

É correto afirmar que a ilustração acima representa, de modo esquemático, uma forma de relevo conhecida como:

a) *Inselbergs*, formas de relevo residual encontradas no semiárido nordestino.
b) Planícies de alagamento associadas ao regime de cheias e vazantes dos rios, típicas do Pantanal Mato-Grossense.
c) Escarpa de falha trabalhada pela erosão pluvial, como a da serra do Mar, em São Paulo.
d) Dunas litorâneas, montes de areia móveis depositados pela ação do vento, típicas da faixa costeira na região Nordeste do país.

Os fenômenos climáticos e a interferência humana

16. (Desafio National Geographic/2012)

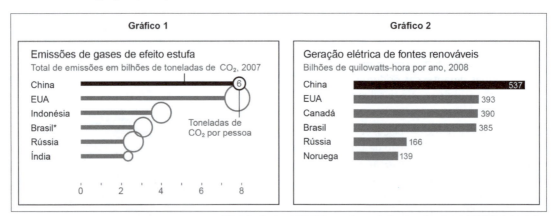

* Os dados do governo brasileiro apontam emissão menor, da ordem de 1,5 bilhão de toneladas.
Administração Americana de Informação de Energia. *National Geographic Brasil*, ed. 139, p. 108, outubro de 2011.

Contribuem para explicar os resultados apresentados pela China nos gráficos 1 e 2, respectivamente, os seguintes pontos:

a) Geração de etanol como combustível veicular. – Redução do uso do petróleo na indústria.
b) Produção de biodiesel para o sistema de transporte público em grandes cidades. – Queima de carvão mineral.
c) Aplicação de recursos em energia solar. – Expansão da frota de veículos.
d) Queima de carvão mineral. – Investimentos recentes em energias renováveis, como a eólica e a hidrelétrica.

(Desafio National Geographic/2009) Observe o texto abaixo e os mapas ao lado e responda às questões 17 e 18.

Navios cargueiros alemães chegaram a Ulsan, na Coreia do Sul, partindo de Roterdã, na Holanda, utilizando a Passagem Nordeste do Ártico, ao longo do litoral norte da Rússia. Isso só foi possível com o recuo recente da calota polar na região nos últimos anos. Aliado aos recursos energéticos já confirmados na área, isso traz uma série de implicações ambientais, econômicas e geopolíticas. Observe os mapas ao lado.

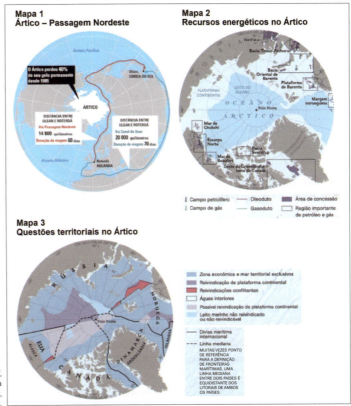

Revista *National Geographic Brasil*, encarte: Oceano Ártico – a fronteira inesperada, abril de 2009. Revista *Veja*, ed. 2131, setembro de 2009, p. 106.

17. *Quanto menor a área congelada, menor a capacidade de reflexão dos raios solares. Ou seja, à medida que a área gelada diminui, a região absorve mais calor, aumentando a temperatura e acelerando o derretimento do gelo", diz o glaciologista Jefferson Simões, da Universidade Federal do Rio Grande do Sul, que já participou de três expedições ao Ártico.*

FAVARO, Thomas. Rota no gelo. Revista *Veja*, ed. 2131, setembro 2009, p. 106.

A situação do Ártico descrita revela variações na capacidade que diferentes partes da superfície têm de refletir ou absorver a radiação solar. As superfícies mais escuras tendem a absorver mais calor do Sol que as mais claras. Ou seja, trata-se especificamente de uma alteração nos índices de:

a) Albedo.
b) Circulação atmosférica.
c) Biodiversidade.
d) Mudança climática.

18. Com base nos mapas e dados, é correto afirmar, em relação à exploração econômica do oceano glacial Ártico, que ela:

a) Está descartada, pela expansão da calota polar e existência de obstáculos naturais à circulação na região.
b) Interessa a diversos países, pelos combustíveis fósseis e a possibilidade de navegação, o que opõe exploração e preservação da região.
c) É inviável, já que a região é de difícil acesso e os combustíveis fósseis vêm perdendo importância no mundo atual.
d) Desperta interesse pela extração de petróleo e gás natural, mas não pelas rotas marítimas, mais longas que as habituais.

Hidrografia

19. (Desafio National Geographic/2009)

Relatórios da ONU repetem o alarmante diagnóstico: mais de 1 bilhão de pessoas, ou 18% da população mundial, não têm acesso a uma quantidade mínima aceitável de água potável. Se nada mudar no padrão de consumo, dois terços da população do planeta poderão não ter acesso à água limpa em 2025.

Adaptado de: Planeta Sustentável. *O mundo com sede*. Disponível em: <http://planetasustentavel.abril.com.br/noticia/desenvolvimento/conteudo_261013.shtml?func=2>. Acesso em: 29 jul. 2014.

Com base no texto, considere as afirmações a seguir:

I – A desigual distribuição natural da água potável contribui para a abundância ou a escassez do recurso no planeta. Considerando os territórios, a população e os usos, Canadá e Brasil têm boa oferta de água, enquanto o norte da África, norte da China e Oriente Médio são marcados pela escassez.

II – Os rios que atravessam o Brasil carregam cerca de 12% do total da água doce superficial do planeta, além de grandes reservas subterrâneas, como o Aquífero Guarani. Isso significa que não há problemas de disponibilidade e abastecimento de água potável no país.

III – Além da distribuição natural desigual da água, muitos países vivem situação de estresse hídrico – desequilíbrio entre oferta e demanda de água –, entre outros fatores, por causa da poluição de rios e lagos, desperdício ou precariedade de infraestruturas de saneamento básico.

Sobre a disponibilidade e o acesso à água potável no mundo, estão corretas as afirmações:

a) I, II e III.
b) II e III.
c) I e III.
d) I e II.

20. (Desafio National Geographic/2011)
Temos de diferenciar a água bruta da água tratada. A bruta é aquela retirada dos rios ou aquíferos subterrâneos para insumo de algo. Dessa água, cerca de 70% é utilizada na irrigação, na produção de alimentos, 20% como insumo industrial e apenas 10% para abastecimento das cidades. As pessoas acham que vai faltar água em suas torneiras, mas não é isso o que vai acontecer. No entanto, a ineficiência de seu uso na área agrícola ainda é grande. Com um pouco mais de eficácia, sobraria muito mais água para o consumo doméstico.

Tais problemas relativos ao abastecimento de água estão relacionados à concentração urbana. A disponibilidade per capita na região metropolitana de São Paulo é bem menor que no semiárido nordestino, pois há uma população gigantesca concentrada em uma área pequena. E ainda há a captação e o tratamento de esgoto não apropriados. O problema de abastecimento nas grandes cidades é enorme, obrigando a busca em fontes distantes.

Revista National Geographic Brasil, entrevista com Jerson Kelman, edição n. 121, abril de 2010, p. 19.

O risco de desabastecimento de água no Brasil ocorre, principalmente, devido:

a) Ao grande consumo residencial no Nordeste.
b) À dispersão da população nas grandes cidades.
c) Ao desperdício e uso excessivo nas regiões agrícolas.
d) Ao uso irracional da água no setor industrial.

21. (Desafio National Geographic/2012)
Imagine uma caixa-d'água. Coloque dentro dela areia. A água vai preencher os poros entre os grãos. Cubra com concreto, deixando livres as bordas. Geologicamente, ela poderia ser uma simplificação do (1), o imenso reservatório de (2) que se estende por mais de 1 milhão de quilômetros quadrados pelas fronteiras do Mercosul. Coberto por uma gigantesca estrutura de (3) sobre uma espessa camada de areia, contém cerca de 33 mil quilômetros cúbicos de água, dos quais hoje poderiam ser explorados 6% desse total.

National Geographic Brasil, edição especial Água: o mundo tem sede, p. 82, abril de 2010.

Sobre o importante reservatório situado em parte do território brasileiro, é correto afirmar que os números 1, 2 e 3 se referem, respectivamente, aos termos:

a) Rio Paraná – águas pluviais – rochas cristalinas.
b) Reservatório de Alter do Chão – argila e areia – rochas sedimentares.
c) Lago de Sobradinho – escoamento superficial – sedimentos arenosos.
d) Aquífero Guarani – águas subterrâneas – basalto.

Biomas e formações vegetais: classificação e situação atual

22. (Desafio National Geographic/2008) O termo "serviços ambientais" refere-se aos benefícios que a natureza pode oferecer às sociedades humanas, decorrentes da manutenção e funcionamento equilibrado dos ecossistemas. Entre eles estão: regulação dos fluxos da água, dos gases estufa e do equilíbrio climático, a produção de oxigênio pelas plantas, a contenção da erosão dos solos, a manutenção de bancos genéticos para controle de pragas e outros.

National Geographic Brasil. Dossiê Terra. São Paulo: Ed. Abril, 2007, p. 54-55.

Considere os serviços ambientais oferecidos por dois diferentes biomas:

1. Armazenagem de carbono, regulação do clima, biodiversidade, controle de erosão.
2. Criatório de peixes, recifes coralinos, escala de aves migratórias, filtragem da água.

Os serviços ambientais descritos anteriormente se referem, respectivamente, às:

a) regiões polares e altas montanhas.
b) zonas costeiras e regiões polares.
c) florestas tropicais e zonas costeiras.
d) áreas insulares e florestas tropicais.

23. (Desafio National Geographic/2008) Leia a reportagem a seguir.

Bombeiros controlam fogo na Chapada dos Veadeiros
Foi controlado o incêndio que atinge o Parque Nacional da Chapada dos Veadeiros, em Goiás, a cerca de 260 km de Brasília. O fogo atingiu cerca de 62% da área total da reserva. Ele chegou a ser controlado depois de queimar cerca de 20 mil hectares, mas as altas temperaturas, a baixa umidade do ar

e os ventos fortes registrados fizeram com que as chamas voltassem. (...)

Embora tenha atingido uma grande área do parque, o incêndio não chegou até a parte reservada à visitação pública. Mesmo assim, a administração liberou apenas metade da área reservada aos visitantes.

Adaptado de: FOLHA ONLINE. *Bombeiros controlam fogo na Chapada dos Veadeiros*. Cotidiano, 08/09/2007. Disponível em: <http://www1.folha.uol.com.br/folha/cotidiano/ult95u326789.shtml>.

O episódio colocou em risco uma área que foi declarada Patrimônio Mundial Natural em 2001 pela Unesco, caracterizada por aspectos como:

a) florestas tropicais densas e abertas e campinaranas, com grande diversidade de peixes, répteis e mamíferos, alguns deles ameaçados de extinção.

b) plantas do cerrado brasileiro, espécies animais endêmicas e nascentes e cursos d'água que alimentam a bacia hidrográfica do rio Tocantins.

c) relevo montanhoso, com altitudes acima dos 1600 metros, e a presença de campos de altitude e floresta higrófila subtropical.

d) vegetação de caatinga, típica do semiárido, espécies endêmicas de aves e mamíferos e mais de 400 sítios arqueológicos cadastrados.

As conferências em defesa do meio ambiente

24. (Desafio National Geographic/2010) Acontecimentos nos últimos anos mostram que nenhuma região do planeta está a salvo de catástrofes naturais e respectivos efeitos sociais. Segundo a ONU, como tais eventos não podem ser evitados, é necessário preparar-se para eles, por exemplo, reduzindo a pobreza ou a vulnerabilidade das populações. Sobre esses acontecimentos, observe o mapa ao lado.

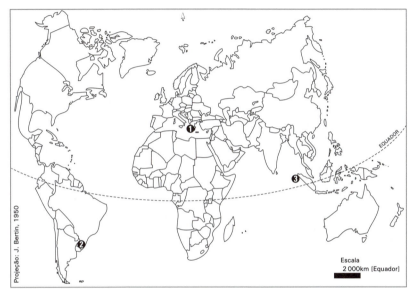

Revista *National Geographic Brasil*. São Paulo: Editora Abril, edição 95, fev. 2008, p. 18.

As ocorrências retratadas nas áreas 1, 2 e 3 referem-se, respectivamente, a:

a) Fortes ondas de calor – fortes chuvas e inundações – tremores seguidos de *tsunami*.

b) Terremotos – furacões, ciclones ou tempestades – fortes ondas de calor.

c) Tremores seguidos de *tsunami* – estiagem prolongada – fortes ondas de calor.

d) Fortes chuvas e inundações – invernos rigorosos com nevascas – terremotos.

25. (Desafio National Geographic/2012)

Durante 40 anos a atividade central em Paragominas foi a venda de madeira serrada da floresta nativa. Agora é diferente.

A principal indústria local no setor utiliza 100% de madeira reflorestada. [...] Novos empreendimentos estão em vista. Dois hotéis foram inaugurados e um shopping center está sendo anunciado. Os agricultores – que há três anos não conseguiam acessar linhas de crédito – criaram uma cooperativa e celebram o aumento da área plantada. [...]

Cultivar mais sem desmatar novas terras só foi possível graças à implantação do Cadastro Ambiental Rural. Com base em imagens de satélite e visitas às fazendas, foi feito o levantamento de mais de 90% das propriedades e determinadas, em cada uma, as áreas destinadas à preservação, ao reflorestamento e à agropecuária.

Revista *National Geographic Brasil*, ed. n. 141, p. 126-127, dezembro de 2011.

De acordo com o texto, as iniciativas em Paragominas, no leste do Pará, revelam que:

a) A adoção de tecnologias de monitoramento contribuiu para conter a devastação no meio rural do município citado.

b) Está em marcha a reconversão de usos do espaço, impedindo a implantação de novos cultivos e criação de animais.

c) A instituição de usos sustentáveis está restrita aos núcleos urbanos existentes na área em questão.

d) A Amazônia tem como vocação a devastação das florestas para implantar áreas de cultivo e pastagens.

Respostas

Conceitos-chave da Geografia

1. B
2. A soma é 22.
3. A
4. D
5. C
6. A
7. A
8. Na primeira imagem, observa-se que no passado havia uma paisagem aparentemente natural que se assemelha ao litoral da região Sudeste do Brasil (assemelha-se à cidade do Rio de Janeiro). Pode-se observar o mar, a estreita planície costeira com praias, a foz de um rio, as dunas e vegetação litorânea, além de uma área de mares de morros recobertos de floresta.
A segunda imagem mostra uma paisagem já bastante transformada pela ocupação humana. No presente, observa-se o desmatamento das encostas dos morros e a implantação de uma torre de telecomunicações na porção mais elevada, a urbanização da faixa de planície com a construção de edifícios elevados e infraestrutura viária. O contorno do litoral, como aconteceu no Rio de Janeiro, foi alterado com a instalação de uma zona portuária e de marinas. Possivelmente, essa ocupação provocou uma perda de parte da biodiversidade original em decorrência da retirada da vegetação e do aumento da poluição das águas. A retirada da mata das encostas pode também ter aumentado a ocorrência de desmoronamentos.

Coordenadas, movimentos da Terra e fusos horários

1. F, V, F, V, V
2. E
3. D
4. C
5. C
6. A soma é 9.
7. C
8. D
9. C
10. A soma é 83.
11. B
12. B
13. A
14. a) A foto 3 mostra o início da primavera no hemisfério sul. Como se trata do equinócio, que vem após o solstício de inverno e antes do solstício de verão, marca o início da primavera nesse hemisfério.
b) Tendo como referência o hemisfério norte, a foto 1 mostra o equinócio de primavera; a foto 2, o solstício de verão; a foto 3, o equinócio de outono; e a foto 4, o solstício de inverno.
15. a) A cidade mostrada na ilustração localiza-se no hemisfério norte (zona temperada). Em 21 de junho, o Sol se encontra em uma posição mais elevada na linha do horizonte, porque, nessa data, os raios solares incidem perpendicularmente sobre o trópico de Câncer, marcando o solstício de verão do hemisfério norte.

b) Estações do ano: • Períodos:
21 de março: primavera   equinócio
23 de setembro: outono   equinócio

c) Consequências geográficas ligadas à trajetória da luz do Sol no sentido de I (leste) para II (oeste):
– Sucessão dos dias e das noites;
– Diferenças horárias (fusos horários).

Representações cartográficas, escalas e projeções

1. B
2. C
3. C
4. E
5. A
6. C
7. B
8. A soma é 19.
9. C
10. A
11. B
12. E
13. A
14. D
15. V, V, F, F, F
16. D
17. A soma é 23.
18. Rio principal está correndo das terras mais altas a leste (5 000 pés = 1 524 m) para as mais baixas a oeste (2 500 pés = 762 m), ou seja, eles sempre correm no sentido da declividade do relevo, do ponto mais alto para o mais baixo. Das três rotas, a C-D é a que apresenta menor declividade porque as curvas de nível são mais espaçadas.
19. a) Situação do município: escala 1:50 000
Áreas-piloto: escala 1:5 000
b) A escala de 1:1 000 000 é muito pequena, o que resultaria em um mapa no qual a cidade de Campinas seria representada como um ponto. Na escala de 1:50 000 é possível ver o município como um todo e examinar as possibilidades de implantação do projeto de arborização. Já a escala de 1:5 000, a maior delas, mostra uma planta suficientemente detalhada para permitir a intervenção no espaço geográfico com vistas à implantação do projeto de arborização em determinados bairros do município.
20. a) Noroeste   c) Sudeste
b) Sudoeste   d) Sul
21. a) Figura A, escala grande; figura B, escala média; figura C, escala pequena.
b) À medida que a escala diminui (da figura A para a C), a área mostrada é maior, mas o nível de detalhamento das informações representadas é menor. De outra forma: quanto maior é a escala, menor é a área representada, porém, maior é o nível de detalhamento dos fenômenos representados.

Representação gráfica

1. C
2. E
3. B

4. B
5. A
6. C
7. A
8. C
9. C
10. B
11. E
12. D
13. A representação cartográfica é uma anamorfose, que é um tipo de cartograma utilizado para mostrar fenômenos quantitativos da realidade socioespacial, como a mortalidade infantil, proporcionais à sua ocorrência no território. A África, especialmente a porção Subsaariana, e o Sul da Ásia, com preponderância da Índia, são as regiões com maiores taxas de mortalidade infantil do mundo. Já as menores taxas são encontradas na América do Norte, na Europa Ocidental e na Oceania, regiões compostas predominantemente de países desenvolvidos com elevados padrões de vida.

Tecnologias modernas usadas pela Cartografia

1. C
2. A
3. B
4. E
5. A
6. C
7. A soma é 30.
8. A
9. Algumas das vantagens das imagens de satélites sobre fotografias aéreas:
   — Mapeamento de áreas mais extensas com a cobertura de praticamente toda a superfície terrestre
   — Obtenção rápida de imagens que podem ser feitas de forma periódica, possibilitando o acompanhamento de transformações nas paisagens ou de fenômenos meteorológicos
   Algumas das utilizações das imagens de satélite:
   — Previsão meteorológica e acompanhamento de furacões
   — Monitoramento de desmatamento e queimadas
   — Identificação de áreas atingidas por secas, inundações, etc.
   — Coleta de informações que podem contribuir para o planejamento territorial
10. a) O GPS, controlado pelo Departamento de Defesa dos Estados Unidos, é formado por uma constelação de 32 satélites (24 em operação e o restante de reserva) na órbita da Terra. Serve para localizar objetos ou pessoas, parados ou em movimento, na superfície do planeta ou próximo a ela. Em qualquer lugar do planeta, os sinais de rádio transmitidos por pelo menos quatro satélites podem ser captados por um aparelho receptor que calcula a latitude, a longitude, a altitude e a hora exata do ponto em que se localiza.
    b) Latitude é a distância em graus entre qualquer ponto da superfície terrestre e o equador, variando de 0 a 90 graus para o norte e para o sul. Longitude é a distância em graus entre qualquer ponto e o meridiano de Greenwich, variando de 0 a 180 graus para leste e para oeste. O ponto de cruzamento da latitude com a longitude define a coordenada geográfica de um ponto.

Estrutura geológica

1. F, V, F, V, V
2. A
3. a) O sudeste asiático se localiza numa área de encontro de placas tectônicas, portanto sujeitas à ocorrência de atividade sísmica e vulcânica. O entorno de muitos vulcões é densamente povoado porque as rochas magmáticas extrusivas que resultam das erupções dão origem a solos muito férteis, ocupados desde a antiguidade para o desenvolvimento agrícola.
   b) Algumas erupções vulcânicas lançam enorme quantidade de cinzas e poeira na atmosfera, o que reduz a incidência de raios solares na superfície e reduz a temperatura média.
4. a) As rochas metamórficas resultam da transformação química e física que ocorre em rochas preexistentes devido à ação de elevada pressão e temperatura no interior da crosta terrestre.
   b) O carvão mineral se origina do soterramento de antigas formações vegetais em bacias sedimentares, com consequente transformação e alteração da composição dessa matéria orgânica em combustível fóssil. No Brasil, o carvão mineral se encontra em uma fase inicial dentro do processo de transformação geológica (turfa) e possui baixo poder calorífico.
5. a) Japão e Haiti são ilhas oceânicas localizadas em zonas de contato entre placas tectônicas, onde há atividade sísmica e vulcânica.
   b) O Japão é um país desenvolvido e possui tecnologia de ponta para diminuir os impactos causados pela ocorrência de terremotos. Já o Haiti é um país em desenvolvimento com elevado índice de pobreza e baixo dinamismo econômico, que não tem recursos financeiros e tecnológicos para investir em prevenção e redução dos impactos causados por terremotos. Dessa forma, mesmo enfrentando um terremoto com magnitude superior ao ocorrido no Haiti, o número de vítimas fatais no Japão foi bem menor.
6. a) No Brasil, a maioria dos abalos sísmicos acontece em regiões onde existem falhas geológicas, onde há acomodação de camadas e são de baixa magnitude.
   b) O Acre é o estado brasileiro localizado mais próximo da zona de contato entre as placas Sul-americana e de Nazca, onde há subducção, vulcanismo e terremotos.

Estruturas e formas do relevo

1. A
2. E
3. F, F, V, F, V
4. E
5. A
6. C
7. a) As forças tectônicas, que provêm do interior da crosta originando dobramentos, falhamentos, vulcanismo e abalos sísmicos.
   b) Os agentes externos atuam no modelado do relevo: chuva, rios, vento, oceano, geleiras, etc.
   c) A formação dos vales resulta da ação erosiva dos rios.
   d) A chuva.
8. a) As ilhas costeiras se localizam na plataforma continental e podem ser de origem sedimentar, cristalina ou biológica. As ilhas oceânicas se localizam na região pelágica e surgem em regiões onde há cadeias montanhosas (dorsais), vulcões ativos ou inativos, ou têm origem biológica.

b) O petróleo da Bacia de Santos se formou na era mesozoica, em antigos lagos que existiam antes da separação dos continentes sul-americano e africano. A Deriva Continental criou condições geológicas propícias ao aprisionamento da matéria orgânica em camadas profundas e posterior formação das bacias petrolíferas do pré-sal.

Solos

1. B
2. B
3. D
4. A
5. E
6. a) Nas florestas, as gotas de chuva caem sobre a copa das árvores e escorrem pelos seus troncos, o que diminui a velocidade de escoamento superficial e aumenta a infiltração – quanto menor a velocidade de escoamento superficial das águas, menor é a sua capacidade de transportar material em suspensão; a retirada da cobertura vegetal prejudica o solo, expondo-o aos fatores de intemperismo e erosão.
   b) As técnicas mais utilizadas para reduzir a erosão são o terraceamento, o cultivo em curvas de nível – que reduzem a velocidade do escoamento superficial da água e aumentam a infiltração –, a associação de culturas e o plantio de árvores para diminuir a erosão eólica.

Climas

1. D
2. E
3. A
4. A
5. E
6. C
7. A soma é 31.
8. A
9. F, V, F, V, F
10. E
11. C
12. A soma é 22.
13. C
14. B

Os fenômenos climáticos e a interferência humana

1. B
2. C
3. C
4. D
5. A soma é 27.
6. B
7. D
8. a) Não há consenso científico quanto à intensificação do efeito estufa provocado pela emissão de poluentes em escala global. Caso as previsões do IPCC se confirmem, poderá haver derretimento das calotas polares, alteração nos ecossistemas, aumento do nível do mar e consequente inundação em regiões costeiras e intensificação de enchentes, secas e furacões.
   b) O Protocolo de Kyoto (1997) prevê a redução na emissão de gases estufa pelos países signatários e criou o mecanismo do desenvolvimento limpo, que regulamenta a compra e venda de créditos de carbono.
9. A figura representa a formação de uma ilha de calor, que ocorre quando a temperatura das regiões centrais das grandes cidades é maior que as da periferia. Elas se formam devido à impermeabilização dos solos, ao adensamento de edifícios e à emissão de gases na atmosfera, que provocam o aumento na temperatura. Para atenuar sua ocorrência é necessário aumentar a área de cobertura vegetal, incentivar o uso de transporte coletivo e criar mecanismos legais que evitem o adensamento de construções.
10. a) Aumento das temperaturas médias e intensificação das secas.
    b) As principais consequências sociais ligadas à seca são a morte de animais de criação, a quebra de safras e de cultivos de subsistência, falta de água para necessidades básicas de alimentação e higiene e migração.

Hidrografia

1. C
2. B
3. C
4. B
5. E
6. B

7. a) A água das chuvas atinge os rios pelo escoamento superficial e pelo subsolo, quando o lençol freático está acima de sua calha.
   b) A impermeabilização dos solos por asfalto, cimento, etc. reduz a infiltração e, portanto, provoca aumento no volume de água que escoa diretamente pela superfície, podendo causar enchentes.
8. a) Na bacia Amazônica há pequena quantidade de produção anual de sedimentos por unidade de área porque o relevo é predominantemente plano e recoberto por floresta densa, fatores que reduzem a velocidade de escoamento das águas e, portanto, sua capacidade de transportar material em suspensão.
   b) A bacia Ganges-Brahmaputra tem seu alto e médio curso localizado em região montanhosa, tornando o escoamento das águas veloz e com maior capacidade erosiva.

Biomas e formações vegetais: classificação e situação atual

1. A
2. D
3. D
4. A
5. A
6. a) As condições climáticas da região dos cerrados estão retratadas no climograma 3.
   b) Possui estrato herbáceo, arbustivo e arbóreo, com raízes profundas, cascas grossas e galhos retorcidos, estando adaptado ao clima tropical típico, com verões quentes e chuvosos e invernos amenos e secos.
7. a) O principal bioma desmatado para o cultivo da soja foi o Cerrado, seguido pelos Pampas e pela periferia da floresta Amazônica.
   b) A expansão da soja pelo Cerrado teve crescimento acelerado devido à presença de relevo plano, que favorece a mecanização, presença de rios perenes, incentivos fiscais e creditícios do governo federal, desenvolvimento de técnicas de correção da acidez dos solos (calagem) e, no início do processo de ocupação, o baixo valor das terras.

8. O Código Florestal (Lei Federal n. 4.771/65) estabelece que as Áreas de Preservação Permanente (APPs) possuem importante papel para a preservação das condições ambientais, como as encostas, topos de morros e margens dos rios, entre outros. O conflito existe porque os ambientalistas defendem que as APPs ocupem áreas mais extensas que as desejadas pelos produtores agrícolas, como por exemplo a metragem em que deve ser preservada a vegetação à margem dos rios e o ângulo de inclinação que comanda a preservação das encostas.

A legislação ambiental e as unidades de conservação

1. D
2. A soma é 26.
3. D

As conferências em defesa do meio ambiente

1. E
2. D
3. A
4. B
5. B
6. D
7. A Agenda 21 é um plano de implementação de ações voltadas à busca do desenvolvimento. Portanto, busca o crescimento econômico, a justiça social e a preservação ambiental.

Desafio

1. C
2. D
3. C
4. B
5. A
6. C
7. C
8. A
9. C
10. A
11. D
12. A
13. C
14. C
15. C
16. D
17. A
18. B
19. C
20. B
21. D
22. C
23. B
24. A
25. A

Significado das siglas

Aman-RJ: Academia Militar das Agulhas Negras (Rio de Janeiro)
Cefet: Centro Federal de Educação Tecnológica
Cefet-MG : Centro Federal de Educação Tecnológica de Minas Gerais
Cesesp-PE: Centro de Seleção ao Ensino Superior de Pernambuco
Cesgranrio-RJ: Centro de Seleção de Candidatos ao Ensino Superior do Grande Rio (Rio de Janeiro)
CTA-SP: Centro Técnico Aeroespacial (São Paulo)
EEM-SP: Escola de Engenharia de Mauá (São Paulo)
Efei-MG: Escola Federal de Engenharia de Itajubá (Minas Gerais)
Enade: Exame Nacional de Desempenho dos Estudantes
Enem: Exame Nacional do Ensino Médio
ESPM-SP: Escola Superior de Propaganda e Marketing (São Paulo)
Faap-SP: Fundação Armando Álvares Penteado (São Paulo)
Fatec-SP: Faculdade de Tecnologia de São Paulo
FCC: Fundação Carlos Chagas
FCL-SP: Fundação Cásper Líbero (São Paulo)
Fecap-SP: Fundação Escola de Comércio Álvares Penteado (São Paulo)
FEI-SP: Centro Universitário da Faculdade de Engenharia Industrial (São Paulo)
Fesb-SP: Fundação Municipal de Ensino Superior de Bragança Paulista (São Paulo)
FGV-SP: Fundação Getúlio Vargas (São Paulo)
FOC-SP: Faculdade Oswaldo Cruz (São Paulo)
Fumec-MG: Fundação Mineira de Educação e Cultura (Minas Gerais)
Furg-RS: Fundação Universidade Federal do Rio Grande (Rio Grande do Sul)
Fuvest-SP: Fundação Universitária para o Vestibular (São Paulo)
Ibemec-RJ: Instituto Brasileiro de Mercados e Capitais (Rio de Janeiro)
Ifal: Instituto Federal de Alagoas
IFCE: Instituto Federal de Educação, Ciência e Tecnologia do Ceará
IME-RJ: Instituto Militar de Engenharia (Rio de Janeiro)
Insper-SP: Ensino e Pesquisa nas áreas de negócio e economia (São Paulo)
ITA-SP: Instituto Tecnológico de Aeronáutica (São Paulo)
Mack-SP: Universidade Presbiteriana Mackenzie (São Paulo)
PUCC-SP: Pontifícia Universidade Católica de Campinas (São Paulo)
PUC-MG: Pontifícia Universidade Católica de Minas Gerais
PUC-PR: Pontifícia Universidade Católica do Paraná
PUC-RJ: Pontifícia Universidade Católica do Rio de Janeiro
PUC-RS: Pontifícia Universidade Católica do Rio Grande do Sul
PUC-SP: Pontifícia Universidade Católica de São Paulo
Ucsal-BA: Universidade Católica de Salvador (Bahia)
Udesc: Universidade do Estado de Santa Catarina
UEA-AM: Universidade do Estado do Amazonas
UECE: Universidade Estadual do Ceará
UEG-GO: Universidade Estadual de Goiás

UEL-PR: Universidade Estadual de Londrina (Paraná)
UEM-PR: Universidade Estadual de Maringá (Paraná)
UEMS: Universidade Estadual de Mato Grosso do Sul
Uepa: Universidade do Estado do Pará
UEPB: Universidade Estadual da Paraíba
UEPG-PR: Universidade Estadual de Ponta Grossa (Paraná)
Uergs-RS: Universidade Estadual do Rio Grande do Sul
UERJ: Universidade do Estado do Rio de Janeiro
UERN: Universidade do Estado do Rio Grande do Norte
Uesc-BA: Universidade Estadual de Santa Cruz (Bahia)
Uespi: Universidade Estadual do Piauí
Ufal: Universidade Federal de Alagoas
Ufam: Universidade Federal do Amazonas
UFBA: Universidade Federal da Bahia
UFC-CE: Universidade Federal do Ceará
UFES: Universidade Federal do Espírito Santo
UFF-RJ: Universidade Federal Fluminense (Rio de Janeiro)
UFG-GO: Universidade Federal de Goiás
UFJF-MG: Universidade Federal de Juiz de Fora (Minas Gerais)
UFMG: Universidade Federal de Minas Gerais
UFMS: Universidade Federal de Mato Grosso do Sul
UFMT: Universidade Federal de Mato Grosso
Ufop-MG: Universidade Federal de Ouro Preto (Minas Gerais)
UFPA: Universidade Federal do Pará
UFPB: Universidade Federal da Paraíba
UFPE: Universidade Federal de Pernambuco
UFPel-RS: Universidade Federal de Pelotas (Rio Grande do Sul)
UFPI: Universidade Federal do Piauí
UFPR: Universidade Federal do Paraná
UFRGS-RS: Universidade Federal do Rio Grande do Sul
UFRJ: Universidade Federal do Rio de Janeiro
UFRN: Universidade Federal do Rio Grande do Norte
UFRR: Universidade Federal de Roraima
UFS-SE: Universidade Federal de Sergipe
UFSC: Universidade Federal de Santa Catarina
Ufscar-SP: Universidade Federal de São Carlos (São Paulo)
UFSJ-MG: Universidade Federal de São João del-Rei
UFSM-RS: Universidade Federal de Santa Maria (Rio Grande do Sul)
UFT-TO: Universidade Federal do Tocantins
UFU-MG: Universidade Federal de Uberlândia (Minas Gerais)
UFV-MG: Universidade Federal de Viçosa (Minas Gerais)
Unaerp-SP: Universidade de Ribeirão Preto (São Paulo)
UnB-DF: Universidade de Brasília (Distrito Federal)
Uneb-BA: Universidade do Estado da Bahia
Unesp-SP: Universidade Estadual Paulista "Júlio de Mesquita Filho" (São Paulo)
Unicamp-SP: Universidade Estadual de Campinas (São Paulo)
Unifap-PA: Universidade Federal do Amapá
Unifesp: Universidade Federal do Estado de São Paulo
Unimontes-MG: Universidade Estadual de Montes Claros
Unioeste-PR: Universidade Estadual do Oeste do Paraná
UPE: Universidade de Pernambuco
USF-SP: Universidade São Francisco (São Paulo)